计算机专业·任务驱动应用型教材

# Java 开发综合实战

苏绍培　马俊祺　马连志　主　编
陈　侠　舒　松　唐　文　副主编
董艳飞　参　编

电子工业出版社
Publishing House of Electronics Industry
北京·BEIJING

## 内 容 简 介

本书基于 Java 17，以项目教学的方式，围绕一个进销存管理系统项目实战案例循序渐进地讲解 Java 程序设计的基本原理和具体应用的方法与技巧。

本书分为 10 个项目，具体内容为 Java 开发环境和工具、面向对象编程基础、面向对象编程核心技术、异常处理、图形用户界面设计、GUI 事件处理、I/O 操作、网络编程基础、多线程技术、访问数据库。

本书案例丰富、内容翔实、操作方法简单易学，不仅可以作为职业院校计算机与软件工程相关专业的教材，也可以作为从事 Java 编程相关工作的专业人士的参考书。

本书附赠多媒体电子资源，内容包括书中所有案例的源文件和相关资源，以及案例操作过程的录屏动画，供读者在学习过程中使用。

未经许可，不得以任何方式复制或抄袭本书之部分或全部内容。
版权所有，侵权必究。

**图书在版编目（CIP）数据**

Java 开发综合实战 / 苏绍培，马俊祺，马连志主编．—北京：电子工业出版社，2023.3
ISBN 978-7-121-44730-3

Ⅰ. ①J… Ⅱ. ①苏… ②马… ③马… Ⅲ. ①JAVA 语言－程序设计 Ⅳ. ①TP312.8

中国版本图书馆 CIP 数据核字（2022）第 245247 号

责任编辑：王昭松　　　　　特约编辑：田学清
印　　刷：北京捷迅佳彩印刷有限公司
装　　订：北京捷迅佳彩印刷有限公司
出版发行：电子工业出版社
　　　　　北京市海淀区万寿路 173 信箱　　邮编：100036
开　　本：787×1 092　1/16　印张：15.75　字数：403 千字
版　　次：2023 年 3 月第 1 版
印　　次：2024 年 2 月第 2 次印刷
定　　价：48.00 元

凡所购买电子工业出版社图书有缺损问题，请向购买书店调换。若书店售缺，请与本社发行部联系，联系及邮购电话：(010) 88254888，88258888。

质量投诉请发邮件至 zlts@phei.com.cn，盗版侵权举报请发邮件至 dbqq@phei.com.cn。

本书咨询联系方式：(010) 88254015，wangzs@phei.com.cn，QQ83169290。

# 前　言

Java 是由 Sun 公司开发的一种面向对象、跨平台、可移植性高的编程语言，凭借其易学、易用、功能强大的特点得到了广泛应用。Java 可以用于编写桌面应用程序、Web 应用程序、分布式系统和嵌入式系统应用程序等，其强大的跨平台特性使 Java 程序可以运行在大部分系统平台上，甚至可以运行在移动电话、嵌入式设备及消费类电子产品上，真正做到了"一次编写，到处运行"，从而逐渐成为应用范围十分广泛的开发语言之一。

本书以由浅入深、循序渐进的方式展开讲解，围绕一个进销存管理系统项目实战案例对 Java 基本原理和实用的功能进行详细介绍，具有极高的实用价值。通过学习本书，读者不仅可以掌握程序设计的基本知识和应用技巧，还可以灵活利用 Java 进行工程项目的开发。

## 一、本书特点

### ☑ 案例丰富

本书的案例数量多，种类丰富。本书结合大量的 Java 编程案例，详细讲解了 Java 程序设计的基本原理和知识要点，让读者在学习案例的过程中潜移默化地掌握程序设计技巧。

### ☑ 突出提升技能

本书从全面提升 Java 程序设计实际应用能力的角度出发，结合大量的案例来讲解如何使用 Java，使读者了解程序设计基本原理并能够独立完成各种程序设计应用操作。

本书围绕进销存管理系统项目案例展开，经过编者精心提炼和改编，不仅可以保证读者能够学好知识点，更重要的是，还可以帮助读者掌握实际的操作技能，同时培养其程序设计与开发的实践能力。

### ☑ 技能与思政教育紧密结合

本书在讲解程序设计与开发专业知识的同时，紧密结合思政教育主旋律，从专业知识角度触类旁通地引导学生提升相关思政品质。

### ☑ 项目式教学，实操性强

本书的编者都是在高职院校从事程序设计教学研究多年的一线人员，具有丰富的教学实践经验与教材编写经验，前期出版的一些相关书籍在经过市场检验后很受读者欢迎。多年的教学工作使他们能够准确地把握学生的心理与实际需求。本书基于编者多年的开发经验及教学心得体会编写，力求全面、细致地展现程序设计与开发应用领域的各种功能和使用方法。

本书采用项目教学的方式，把程序设计的理论知识分解并融入每一个实践操作的训练项目中，增强了本书的实用性。

## 二、本书的基本内容

本书分为 10 个项目，具体内容为 Java 开发环境和工具、面向对象编程基础、面向对象编程核心技术、异常处理、图形用户界面设计、GUI 事件处理、I/O 操作、网络编程基础、多线程技术、访问数据库。

## 三、关于本书的服务

为了配合各学校师生利用本书进行教学，本书附赠了多媒体电子资源，读者可以登录华信教育资源网（www.hxedu.com.cn）免费注册后下载。

本书由苏绍培、马俊祺、马连志担任主编，陈侠、舒松、唐文担任副主编，董艳飞担任参编。本书的编写和出版得到了河北军创家园文化发展有限公司的大力支持和帮助，值此图书出版发行之际，向他们表示衷心的感谢。

编　者

# 目 录

## 项目一 Java 开发环境和工具 ... 1

### 任务一 初识 Java 开发 ... 2
任务引入 ... 2
知识准备 ... 2
一、Java 的特性与应用领域 ... 2
二、Java 开发的学习路线 ... 3
三、认识、安装 JDK ... 4
四、配置环境变量 ... 7
五、Java 程序的开发流程 ... 8
六、使用 Java API 文档 ... 9

### 任务二 使用 Eclipse 开发 Java 程序 ... 10
任务引入 ... 10
知识准备 ... 10
一、安装配置 Eclipse ... 10
二、开发 Java 程序 ... 12
三、导入项目文件 ... 15
四、为项目添加常用类库 ... 16
五、程序调试 ... 17

项目总结 ... 18
项目实战 ... 18

## 项目二 面向对象编程基础 ... 20

### 任务一 类与对象 ... 21
任务引入 ... 21
知识准备 ... 21
一、面向对象简介 ... 21
二、类的声明与定义 ... 22
三、构造方法 ... 23
四、对象的创建及使用 ... 25

　　　　五、调用本类结构 ............................................................. 27
　　　　六、定义全局属性和方法 ..................................................... 28
　　任务二　使用数组 .................................................................. 30
　　　　任务引入 ........................................................................ 30
　　　　知识准备 ........................................................................ 31
　　　　一、创建数组 ................................................................... 31
　　　　二、初始化数组 ................................................................ 33
　　　　三、遍历数组 ................................................................... 33
　　　　四、使用 Arrays 工具类 ..................................................... 34
　　任务三　处理字符串 ............................................................... 37
　　　　任务引入 ........................................................................ 37
　　　　知识准备 ........................................................................ 37
　　　　一、创建 String 类的字符串 ................................................ 37
　　　　二、String 类的常用操作 .................................................... 38
　　　　三、正则表达式 ................................................................ 42
　　　　四、创建 StringBuffer 对象 ................................................. 44
　　　　五、StringBuffer 类的常用方法 ............................................ 45
　项目总结 ............................................................................... 48
　项目实战 ............................................................................... 48
项目三　面向对象编程核心技术 ..................................................... 52
　　任务一　继承与多态 ............................................................... 53
　　　　任务引入 ........................................................................ 53
　　　　知识准备 ........................................................................ 53
　　　　一、实现继承 ................................................................... 53
　　　　二、方法重写 ................................................................... 54
　　　　三、操作隐藏的父类成员 ..................................................... 55
　　　　四、使用 final 关键字 ........................................................ 57
　　　　五、使用方法重载实现多态 .................................................. 57
　　　　六、对象向上转型 ............................................................. 59
　　任务二　抽象类与接口 ............................................................ 62
　　　　任务引入 ........................................................................ 62
　　　　知识准备 ........................................................................ 62
　　　　一、抽象类与抽象方法 ....................................................... 62
　　　　二、声明与实现接口 .......................................................... 63
　　任务三　内部类 ..................................................................... 65
　　　　任务引入 ........................................................................ 65
　　　　知识准备 ........................................................................ 65

一、成员内部类 ..................................................................................................... 66
　　二、局部内部类 ..................................................................................................... 67
　　三、静态内部类 ..................................................................................................... 68
　　四、匿名内部类 ..................................................................................................... 69
　　五、Lambda 表达式 .............................................................................................. 70
项目总结 ................................................................................................................................ 72
项目实战 ................................................................................................................................ 72

## 项目四　异常处理 .................................................................................................................. 77

### 任务一　认识异常 ............................................................................................................ 78
　任务引入 ...................................................................................................................... 78
　知识准备 ...................................................................................................................... 78
　　一、异常的类型 ..................................................................................................... 78
　　二、常见的异常类 ................................................................................................. 80
　　三、异常处理流程 ................................................................................................. 81
　　四、Exception 类的常用方法 ............................................................................... 82

### 任务二　处理异常 ............................................................................................................ 83
　任务引入 ...................................................................................................................... 83
　知识准备 ...................................................................................................................... 83
　　一、处理编译异常 ................................................................................................. 83
　　二、在方法中抛出异常 ......................................................................................... 84
　　三、自定义异常类 ................................................................................................. 86

项目总结 ................................................................................................................................ 89
项目实战 ................................................................................................................................ 89

## 项目五　图形用户界面设计 .................................................................................................. 94

### 任务一　初识 Java Swing ............................................................................................... 95
　任务引入 ...................................................................................................................... 95
　知识准备 ...................................................................................................................... 95
　　一、Swing 概述 ..................................................................................................... 95
　　二、容器 ................................................................................................................. 96
　　三、组件 ................................................................................................................. 96

### 任务二　创建常用容器与布局 ........................................................................................ 97
　任务引入 ...................................................................................................................... 97
　知识准备 ...................................................................................................................... 97
　　一、JFrame 窗口 ................................................................................................... 97
　　二、JDialog 对话框 .............................................................................................. 99
　　三、JPanel 面板 .................................................................................................. 100

    四、JScrollPane 滚动面板 ........................................................................ 100
    五、布局管理器 ........................................................................................ 100
  任务三 使用常用组件 ...................................................................................... 104
    任务引入 .................................................................................................... 104
    知识准备 .................................................................................................... 104
    一、标签组件 ............................................................................................ 104
    二、文本组件 ............................................................................................ 106
    三、按钮组件 ............................................................................................ 108
    四、列表组件 ............................................................................................ 111
  项目总结 ............................................................................................................ 115
  项目实战 ............................................................................................................ 116

# 项目六 GUI 事件处理 .................................................................................. 122

  任务一 认识事件处理机制 .............................................................................. 123
    任务引入 .................................................................................................... 123
    知识准备 .................................................................................................... 123
    一、事件处理模式 .................................................................................... 123
    二、事件类 ................................................................................................ 124
  任务二 常用事件 .............................................................................................. 125
    任务引入 .................................................................................................... 125
    知识准备 .................................................................................................... 125
    一、窗口事件（WindowEvent） ........................................................... 125
    二、事件适配器（Adapter） .................................................................. 127
    三、鼠标事件（MouseEvent） ............................................................... 128
    四、键盘事件（KeyEvent） .................................................................... 130
    五、动作事件（ActionEvent） ............................................................... 132
    六、选项事件（ItemEvent） .................................................................. 134
    七、焦点事件（FocusEvent） ................................................................ 139
    八、文档事件（DocumentEvent） ......................................................... 141
  项目总结 ............................................................................................................ 144
  项目实战 ............................................................................................................ 144

# 项目七 I/O 操作 .............................................................................................. 151

  任务一 使用 File 类操作文件和目录 .............................................................. 152
    任务引入 .................................................................................................... 152
    知识准备 .................................................................................................... 152
    一、创建 File 对象 ................................................................................... 152
    二、获取文件属性 .................................................................................... 153

三、创建和删除文件……………………………………………………………155
　　　四、创建和删除文件夹…………………………………………………………157
　　　五、遍历目录……………………………………………………………………158
　任务二　读/写文件内容……………………………………………………………160
　　任务引入……………………………………………………………………………160
　　知识准备……………………………………………………………………………160
　　　一、流的概念……………………………………………………………………160
　　　二、文件字节流…………………………………………………………………161
　　　三、文件字符流…………………………………………………………………163
　　　四、缓冲数据流…………………………………………………………………166
　　　五、随机流………………………………………………………………………167
　项目总结………………………………………………………………………………170
　项目实战………………………………………………………………………………170

# 项目八　网络编程基础………………………………………………………………174

　任务一　网络程序设计基础…………………………………………………………175
　　任务引入……………………………………………………………………………175
　　知识准备……………………………………………………………………………175
　　　一、网络应用程序设计模式……………………………………………………175
　　　二、常用的网络协议……………………………………………………………175
　　　三、IP 地址和端口………………………………………………………………176
　任务二　实现 TCP 网络程序…………………………………………………………177
　　任务引入……………………………………………………………………………177
　　知识准备……………………………………………………………………………178
　　　一、实现服务器端程序…………………………………………………………178
　　　二、实现客户端程序……………………………………………………………179
　　　三、数据交互通信………………………………………………………………180
　任务三　实现 UDP 网络程序…………………………………………………………183
　　任务引入……………………………………………………………………………183
　　知识准备……………………………………………………………………………183
　　　一、打包发送数据报……………………………………………………………183
　　　二、接收数据报…………………………………………………………………184
　项目总结………………………………………………………………………………189
　项目实战………………………………………………………………………………190

# 项目九　多线程技术…………………………………………………………………202

　任务一　实现 Java 多线程……………………………………………………………203
　　任务引入……………………………………………………………………………203

知识准备 ...................................................................................................... 203
　　　一、进程与线程 .......................................................................................... 203
　　　二、线程的状态 .......................................................................................... 203
　　　三、继承 Thread 类创建多线程 ................................................................ 204
　　　四、实现 Runnable 接口创建多线程 ........................................................ 206
　任务二　应用多线程 ............................................................................................ 208
　　任务引入 .......................................................................................................... 208
　　知识准备 .......................................................................................................... 208
　　　一、线程的常用方法 .................................................................................. 208
　　　二、实现线程同步 ...................................................................................... 210
　　　三、协调同步的线程 .................................................................................. 212
　　　四、GUI 线程 .............................................................................................. 215
　项目总结 ................................................................................................................ 217
　项目实战 ................................................................................................................ 217

# 项目十　访问数据库 .................................................................................................. 221

　任务一　SQL 语法基础 ........................................................................................ 222
　　任务引入 .......................................................................................................... 222
　　知识准备 .......................................................................................................... 222
　　　一、select 语句 .......................................................................................... 222
　　　二、insert 语句 .......................................................................................... 223
　　　三、update 语句 ........................................................................................ 223
　　　四、delete 语句 .......................................................................................... 224
　任务二　使用 JDBC 访问数据库 ........................................................................ 224
　　任务引入 .......................................................................................................... 224
　　知识准备 .......................................................................................................... 225
　　　一、JDBC 概述 .......................................................................................... 225
　　　二、部署 JDBC 驱动程序 .......................................................................... 225
　　　三、连接数据库 .......................................................................................... 227
　　　四、操作数据库 .......................................................................................... 229
　项目总结 ................................................................................................................ 236
　项目实战 ................................................................................................................ 237

# 项目一

# Java 开发环境和工具

## 思政目标

- 关注行业发展现状和趋势，激发对本书的学习兴趣
- 规划职业方向，主动提升自身技能，补长短板、锻炼长板

## 技能目标

- 了解 Java 的应用领域、学习路线和开发流程
- 能够安装 JDK 并配置开发环境
- 能够使用 Eclipse 开发简单的 Java 程序

## 项目导读

Java 是基于 JVM（虚拟机）的一种面向对象、跨平台、可移植性高的编程语言。Java 可以用于编写桌面应用程序、Web 应用程序、分布式系统和嵌入式系统应用程序等，凭借其简单易学、"一次编写，到处运行"的特性被广泛应用于互联网、企业应用，以及大数据平台。在服务器端编程和跨平台客户端应用领域，Java 也具有很明显的优势。

本项目简要介绍搭建 Java 开发环境的操作方法，以及使用 Eclipse 开发 Java 程序的基本操作。

# 任务一 初识 Java 开发

## 任务引入

小白是某职业技术学院的学生，了解到 Java 工程师的就业前景非常好，想自学 Java 开发。Java 的主要应用领域有哪些呢？该如何选择、配置合适的 JDK 版本进行 Java 开发呢？Java 程序的开发流程又是怎样的呢？

## 知识准备

### 一、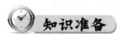的特性与应用领域

Java 是 20 世纪 90 年代初，由美国 Sun 公司针对像有线电视转换盒这类处理能力和内存都很有限的消费设备，设计的一种用于开发小型家电设备的嵌入式应用的计算机语言。这种语言最初被命名为 Oak，其代码短小、紧凑且与平台无关。由于市场对智能型家电的需求的增长速度不如预期的快，因此该语言推出后反响平平。

1995 年 5 月，Sun 公司注册了 Java 的商标，将该语言重命名为 Java 并正式推出了 Java 测试版。乘借互联网爆发式发展的"东风"，Java 开始蓬勃发展。1996 年 JDK 1.0 被发布；1997 年 JDK 1.1 被发布；1998 年开发者改进了 Java 早期版本的缺陷，将其更名为 Java 2；1999 年 6 月，为了覆盖手机、桌面和网页，Sun 公司发布了三个 Java 版本，分别为 J2ME（手机）、J2SE（桌面）和 J2EE（网页），其中"2"的意思是在 Java 1.2 版本以后称为 Java 第二代。

2004 年，J2SE 1.5 被更名为 Java SE 5.0；2005 年为了统一 Java 版本更新的叫法，取消了其中的数字"2"，J2ME 被更名为 Java ME，J2SE 被更名为 Java SE，J2EE 被更名为 Java EE；2009 年甲骨文（Oracle）公司收购 Sun 公司；2011 年 Java SE 7.0 Dolphin（海豚）被发布；2014 年 Java SE 8.0 被发布；2017 年 Java 9.0 被发布。随后 Java 的版本每半年（3 月和 9 月）被更新一次，2021 年 9 月 Java 17 被发布。

作为在网络时代得到广泛应用的编程语言之一，Java 具有以下优势。

• 简洁易学。

Java 与 C++类似，出现于 C++之后，摒弃了 C++中烦琐、少用和不好用的部分，如 goto 语句、指针运算、操作符重载、多重继承、虚基类等。

• 跨平台/可移植性。

这是 Java 的核心优势。Java 介于编译型语言和解释型语言之间。编译型语言（如 C、C++）的代码是直接被编译成机器码执行的，由于不同平台的 CPU 的指令集不同，因此需要编译出每种平台的对应机器码。解释型语言（如 Python、Ruby）由解释器加载源码，然后运行，缺点是运行效率较低。

Java 将代码编译成一种被称为"字节码"（bytecode）的类别文件，然后针对不同平台编写 JVM，不同平台的 JVM 负责加载字节码并执行。字节码与计算机的厂牌无关，只要计算机安装 Java 解译程序就能执行 Java 的字节码，实现一次编写，到处运行。此外，JVM 的兼容性非常好，低版本的 Java 字节码可以在高版本的 JVM 上正常运行。

- 安全性。

Java 虚拟机拥有工业级的稳定性和高度优化的性能，并且经过长时期的考验，使 Java 可以很容易地构建防病毒、防篡改系统，适用于网络/分布式环境。

- 高性能。

Java 通过虚拟机的优化和 JIT（Just In Time，即时编译）技术提升运行效率。不仅如此，一些"热点"字节码被编译成本地机器码存储在缓存中，在需要的时候重新调用，省去反复编译的过程，从而提高 Java 程序的运行效率。

- 分布式。

Java 是特地为互联网设计的。它有一个庞大的网络类库（java.net），支持各种网络阶层的联系，能够处理 TCP/IP 协议。Java 程序能够从网络的 URL 中获取所需要的资源并加以处理。Java 还支持 RMI（Remote Method Invocation，远程方法调用），使程序能够通过网络调用方法。

- 多线程。

使用多线程可以带来更好的交互响应和实时行为。Java 内建的多线程（multi-thread）功能，支持多个线程同时运行，这是 Java 成为主流服务器端开发语言的主要原因之一。

- 健壮性。

Java 提供了一种系统级线程跟踪存储空间的分配情况的机制——GC（垃圾收集），在 Java 程序运行过程中自动进行操作，在很大程度上减少了因为没有释放空间导致的内存泄漏问题。Java 程序不会造成计算机崩溃，如果出现某种错误，程序会抛出异常，程序开发者只需通过异常处理机制加以处理即可。

借助 Java，程序开发者可以自由地使用现有的硬件和软件系统平台。Java 的应用领域主要包括桌面应用系统开发、电子商务、Web 应用系统开发、企业级应用开发、交互式系统开发、多媒体系统开发、分布式系统开发、嵌入式系统开发。

## 二、Java 开发的学习路线

根据应用环境的不同，Java 分为三个不同版本：Java SE、Java EE 和 Java ME。

Java SE（Java Standard Edition）称为标准版，定位于桌面级应用程序的开发。这个版本是 Java 平台的核心，包含标准的 JVM 和标准库，提供非常丰富的 API（包括图形用户界面接口 AWT 及 Swing、数据库操作、网络功能与国际化、图像处理、多线程及输入/输出支持等）用来开发一般个人计算机上的应用程序。20 世纪 90 年代末在互联网上大放异彩的 Applet 就属于这个版本。

Java EE（Java Enterprise Edition）称为企业版，其核心是 EJB（企业 Java 组件模型），定位于企业级分布式的网络应用开发，如电子商务网站开发和 ERP 系统开发。Java EE 是 Java SE 的扩展，在 Java SE 的基础上增加了大量的 API 和用于服务器开发的类库，运行在一个完整的应用服务器上，用来开发大规模、分布式、健壮的网络应用。例如，能让程序员直接在 Java 内使用 SQL 语句访问数据库的 JDBC；能够延伸服务器功能，通过请求-响应模式处理客户端请求的 Servlet 技术；可以将 Java 程序代码内嵌在网页内的 JSP 技术等。

这里要提醒读者注意的是，由于目前通过 Java EE 实现的关于 Web 的轻量级项目（如 SSH、Spring 等）被众多的企业使用，因此很多时候会将 Java EE 和 Java Web 混用。严格来说，Java Web 主要是指以 Java 为基础，利用 Java EE 中的 Servlet、JSP 等技术开发 Web 互联网领域的应用。Java Web 应用程序可运行在一个轻量级的 Web 服务器中（如 Tomcat），也就是说，Java EE 是用来进行 Java Web 开发的，Java Web 可看作 Java EE 的一部分。

Java ME（Java Micro Edition）称为微型版，定位于嵌入式系统的开发，例如，掌上电脑、手机等移动通信电子设备。根据电子消费产品的需求，Java ME 精简了 Java SE 核心类库，也有自己的适合开发微小装置的扩展类。如今，Java ME 已经被占据主流地位的 Android 平台取代。

综上所述，Java 三个版本之间的关系如图 1-1 所示。

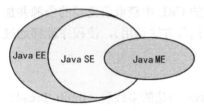

图 1-1　Java 三个版本之间的关系

Java SE 是整个 Java 平台的核心，因此要学习 Java 开发，首先要学习 Java SE，掌握 Java 的基础语法、Java 核心开发技术（如面向对象编程核心技术、异常处理、Java 标准库、泛型与集合、Swing 程序设计、I/O、多线程等），以及一些高级应用（如操作数据库、Java 绘图和网络编程）。完成这些基础知识的学习后，读者可以开发一些简单的管理系统、游戏、QQ 通信等应用。

如果要使用 Java 开发 Web 应用，则应进一步学习 Java EE，同时需要学习 Spring 框架、Web 前端技术、动态网页技术、数据库开发、版本控制和分布式架构等。

虽然 Java ME 定位于嵌入式系统的开发，但是目前开发移动平台应用的主流工具和标准为 Android。读者可以根据自己的需求和喜好选择合适的开发版本。

本书主要介绍利用 Java SE 的部分核心开发技术开发 Java 桌面应用程序的方法和步骤。因为篇幅有限，所以着重介绍面向对象编程核心技术、异常处理、图形用户界面设计、GUI 事件处理、I/O 操作、网络编程、多线程技术及访问数据库等知识。有关 Java 的基础语法、Java 标准库、泛型与集合等知识，读者可查阅相关书籍自行学习。

## 三、认识、安装 JDK

因为 Java 程序必须运行在 JVM 之上，所以在学习 Java 开发之前，需要先安装 JDK。

### 1. 什么是 JDK

JDK 是 Java Development Kit 的缩写，即 Java 开发工具包，包括用于开发和测试用 Java 编写并在 Java 平台上运行的程序的工具，如 JRE、编译器和调试器等开发工具。其中，JRE（Java Runtime Environment）是 Java 的运行环境，包含 JVM 和 Java 核心类库。JVM（Java Virtual Machine）是 Java 虚拟机，是 Java 实现跨平台的最核心的部分。

在运行 Java 程序时，所有的 Java 程序首先会被编译为.class 的类文件，这种类文件可以通过 JVM 调用解释所需要的类库 lib 解释执行。.class 文件不直接与机器的操作系统交互，而是由 JVM 将程序解释给本地系统执行。

简单来说，JDK 面向开发者，是程序员编写 Java 程序时使用的软件。JRE 面向使用 Java 程序的用户，是用户运行 Java 程序时使用的软件，用于将 Java 源码编译成 Java 字节码。JVM 负责运行 Java 字节码。

### 2. 安装 JDK

本书使用的是 Java SE 平台的长期支持（LTS）版本 Java 17。Java 17 带来的不仅有新功能，还有更快的 LTS 节奏和免费的 Oracle JDK，这些使其成为有史以来支持最好的现代版本。

> 🔍 **提示**
>
> 长期支持（LTS）是一种产品生命周期管理策略，LTS 版本的支持可以持续数年，而非 LTS JDK 的支持只可以持续 6 个月，直到下一个非 LTS JDK 发行时为止。其他 LTS JDK 是 Java 8 和 Java 11。

（1）登录 Oracle 公司官网，下载 Java SE 的最新稳定版。

在下载时，读者要根据自己的操作系统平台选择合适的 JDK 安装文件。本书选择适合在 64 位的 Windows 操作系统下安装的 JDK 17 安装文件：jdk-17_windows-x64_bin.exe。

（2）下载完成后，双击下载的文件，启动安装向导。

（3）单击"下一步"按钮，选择安装 Java SE 的目标文件夹。默认将 JDK 17 安装到系统盘的 Java\jdk-17.0.1\ 目录下，单击"更改"按钮可以指定其他目录。

> 🔍 **提示**
>
> 建议指定一个好记的目录，在配置 JDK 时会用到这个安装目录。

（4）单击"下一步"按钮，开始安装程序并显示进度条。安装完成后，显示如图 1-2 所示的安装完成界面。

（5）单击"后续步骤"按钮，将打开浏览器，显示当前 JDK 版本的官方文档，包括 API 文档、开发人员指南、发布说明及更多的相关资源，如图 1-3 所示。

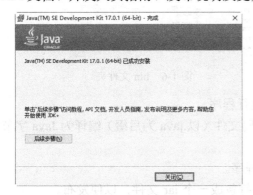   

图 1-2　安装完成界面　　　　　图 1-3　当前 JDK 版本的官方文档

JDK 文档是 Oracle 公司为 JDK 工具包提供的一整套文档，其中包含了 Java 中各种技术的详细资料，以及 JDK 中提供的各种类的帮助说明，是 Java 开发人员经常要查阅的资料。

提示

建议将该网站添加到收藏夹，方便以后在开发过程中查阅 Java API 的相关帮助说明。

（6）单击安装向导中的"关闭"按钮，即可完成安装。

安装完成后，利用命令提示符窗口可验证 JDK 是否安装成功并查看安装的 JDK 版本。

（7）按 Windows+R 组合键，打开"运行"对话框。

（8）输入 cmd，按 Enter 键，启动命令提示符窗口，输入命令 java -version，按 Enter 键，即可显示安装的 JDK 版本，如图 1-4 所示。

图 1-4　查看安装的 JDK 版本

此时打开 Java SE 17 的安装目录，可以看到如图 1-5 所示的文件结构。

其中，bin 文件夹可看作 JVM，包含 Java 开发工具和实用程序；lib 文件夹则包含 JVM 工作所需要的类库和支持文件，这两者合称为 JRE。

打开 bin 文件夹，可以看到很多可执行程序，如图 1-6 所示。

图 1-5　文件结构　　　　　　　　　图 1-6　bin 文件夹

下面简要介绍 Java 开发中几个很重要的可执行程序。

- javac.exe：Java 的编译器，用于把 Java 源码文件（以.java 为后缀）编译为 Java 字节码文件（以.class 为后缀）。
- java.exe：JVM，用于运行编译后的 Java 程序。
- jar.exe：打包工具，用于把一组.class 文件打包成一个.jar 文件，以便发布。
- javadoc.exe：文档生成器，用于从 Java 源码中自动提取注释并生成文档。
- jdb.exe：Java 调试器，可以设置断点和检查变量，用于开发阶段的运行调试。

- javap.exe：Java 反汇编器，可以显示编译类文件中的可访问功能和数据，同时显示字节码的含义。
- jconsole.exe：Java 进行系统调试和监控的工具。

## 四、配置环境变量

安装完 JDK 后，必须配置环境变量才能使用 Java 开发环境。在 Windows 10 操作系统下，需要配置环境变量 Path，以便系统在任何路径下都能识别 java 命令。

环境变量 Path 用于在运行没有指定完整路径的程序时，告诉系统除了在当前目录下寻找，还应到哪些目录下寻找该程序。

（1）在桌面上选中"此电脑"图标并右击，在弹出的快捷菜单中选择"属性"命令，在打开的"系统"对话框左侧窗格中单击"高级系统设置"链接，打开"系统属性"对话框。

（2）单击"系统属性"对话框底部的"环境变量"按钮，打开如图 1-7 所示的"环境变量"对话框。

（3）在"系统变量"列表框中双击 Path 变量（拖动滚动条可找到），打开如图 1-8 所示的"编辑环境变量"对话框。

图 1-7　"环境变量"对话框

图 1-8　"编辑环境变量"对话框

（4）单击"编辑文本"按钮，打开"编辑系统变量"对话框，在"变量值"文本框中，将 C:\Program Files\Common Files\Oracle\Java\javapath 修改为 JDK 的安装目录（如 C:\Program Files\Java\jdk-17.0.1\）的 bin 文件夹，如图 1-9 所示。

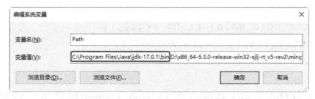
图 1-9　修改 Path 变量的变量值

（5）单击"确定"按钮，依次退出上述对话框，即可完成 JDK 的环境变量配置。

此时打开命令提示符窗口，输入 java 命令并按 Enter 键，如果输出 java 命令的用法，则说明 JDK 的环境变量 Path 配置成功，如图 1-10 所示。

输入命令 javac 后按 Enter 键，可以查看编译器信息，包括修改命令的语法和参数选项，如图 1-11 所示，说明 JDK 环境搭建成功。

图 1-10　JDK 的环境变量 Path 配置成功

图 1-11　JDK 的编译器信息

## 五、Java 程序的开发流程

JDK 的环境变量配置好之后，就可以编写、运行 Java 程序了。Java 程序的开发流程如图 1-12 所示。

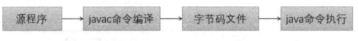
图 1-12　Java 程序的开发流程

其中，源程序可以在文本编辑器中编写，保存为后缀为.java 的文件。javac 命令编译是指用 Java 编译器对源程序进行编译，生成后缀为.class 的字节码文件。java 命令执行是指使用 Java 解释器将字节码文件翻译成机器代码，然后执行并显示结果。

从初学者角度来看，采用 JDK 开发 Java 程序能够很快理解程序中各部分代码之间的关系，但这种方式的缺点也非常明显，就是从事大规模企业级 Java 应用开发非常困难，不能进行复杂的 Java 程序开发，也不利于团体协同开发。

### 案例——使用命令行工具编译和运行程序

本案例使用记事本编写一个简单的 Hello World 程序，在命令提示符窗口中运行。
（1）打开记事本，输入如下代码。

```
public class Hello{
    public static void main(String args[]){
        System.out.println("Hello World!");
    }
}
```

（2）将文件命名为 Hello.java 并保存到 D:\java_source\目录下。这里一定要注意文件的后缀是.java，表示这是一个 Java 源程序文件。

提示

文件名应与程序中的类名相同,区分字母大小写。

接下来将该文件编译为字节码文件。

(3) 按 Windows+R 组合键打开"运行"对话框,输入 cmd,按 Enter 键进入命令提示符窗口。

(4) 在命令提示符窗口中输入 DOS 命令,将工作目录切换到 Java 文件所在的目录,输入命令 javac Hello.java,编译程序,如图 1-13 所示。编译成功后,在源程序文件所在目录可以看到生成的字节码文件 Hello.class,如图 1-14 所示。

字节码不是真正的机器代码,而是虚拟代码,要想得到程序的运行结果,还需要使用解释程序进行解释执行。

(5) 在命令提示符窗口中输入命令 java Hello,运行程序,按 Enter 键即可输出结果,如图 1-15 所示。

图 1-13　编译程序

图 1-14　生成的字节码文件

图 1-15　输出结果

 提示

在使用 java 命令运行 Hello.class 文件时,不要带上文件的后缀.class,否则会出错。

## 六、使用 Java API 文档

API（Application Programming Interface）是应用程序编程接口。Java API 文档涵盖了 Java 中海量的 API,提供了类的继承关系、成员变量、成员方法、构造方法、静态成员的详细说明,是 Java 程序开发过程中不可或缺的编程词典。

如果在 JDK 安装结束后,没有单击"后续步骤"按钮查看、收藏当前 JDK 版本的官方文档,则可以打开浏览器,在地址栏中输入 https://docs.oracle.com/en/java/javase/17/index.html,打开在线文档。为方便随时浏览,用户还可以将该文档下载到本地。

(1) 在浏览器地址栏中输入离线文档的网址 https://www.oracle.com/java/technologies/javase-jdk17-doc-downloads.html,访问 JDK 文档中心。

(2) 单击链接 jdk-17.0.1_doc-all.zip,下载文档,如图 1-16 所示。

(3) 解压缩下载的文档,可以看到如图 1-17 所示的文档结构,双击其中的 index.html,即可打开文档,如图 1-18 所示。

(4) 单击要查看的 API 链接文本,即可进入相应的界面查看详细说明。

图 1-16　下载文档　　　　　　　　图 1-17　文档结构

图 1-18　Java API 文档界面

# 任务二　使用 Eclipse 开发 Java 程序

### 任务引入

在了解了 Java 开发环境的搭建和基本开发流程之后，小白想试着编写一个简单的进销存管理系统。使用记事本或其他的文本编辑器编写 Java 程序不仅效率低下，而且很容易出错。小白决定使用用于 Java 开发的流行 IDE——Eclipse 来开发项目。那么该怎样安装配置 Eclipse 呢？如果要在 Eclipse 中学习别人编写的 Java 项目，该怎样导入项目文件呢？怎样为项目添加常用类库并调试程序呢？

### 知识准备

## 一、安装配置 Eclipse

IDE（Integrated Development Environment，集成开发环境）集应用程序源码编辑、组织、编译、调试、运行等功能于一体，具有代码自动提示功能，代码被修改后可以自动重新编译并直接运行，能极大地提高开发效率。本节介绍目前用于 Java 开发的流行 IDE——Eclipse 的安装配置方法。

Eclipse 是由 IBM 开发并捐赠给开源社区的一个 IDE，是一个可扩展且跨平台的自由集成开发环境。Eclipse 的特点是基于 Java 编写,并且基于插件结构提供了实时代码纠错功能,可方便开发者更快地定位代码中的错误。

Eclipse 的发行版提供了预打包的开发环境,包括 Java、Java EE、C++、PHP、Rust 等。在开发 Java 应用时,本书需要下载的版本是 Eclipse IDE for Java Developers。

(1)登录 Eclipse 官网的下载界面,单击如图 1-19 所示的 Download Packages 链接。

图 1-19　下载界面

(2)在打开的界面中,找到 Eclipse IDE for Java Developers 选项,根据操作系统选择对应的下载链接下载 IDE,如图 1-20 所示。

(3)在打开的下载界面中单击 Download 按钮,开始下载 Eclipse,如图 1-21 所示。

图 1-20　下载 IDE　　　　　　　　图 1-21　下载 Eclipse

Eclipse 服务器会根据客户端所在的地理位置分配用于下载的镜像站点,如果在指定的镜像站点中不能下载,则可以单击 Select Another Mirror 链接,在展开的镜像站点列表中选择合适的镜像站点进行下载。

(4)下载完成后,将压缩包解压缩到合适的目录下,无须安装即可使用。

提示

从官网下载的 Eclipse 默认为英文版。英语不太好的初学者可以下载简体中文语言包(以 BabelLanguagePack-eclipse-zh 为前缀)。解压缩后将其中的两个文件夹 features 和 plugins 复制到 Eclipse 安装包中,覆盖同名的文件夹即可。英语好的读者则建议使用更稳定的英文版。

出于稳定性和一致性的考虑,本书以英文版 Eclipse 为平台介绍 Java 程序的开发方法。

(5)双击解压缩文件夹中的 eclipse.exe 文件,即可启动 Eclipse,弹出如图 1-22 所示的 Eclipse IDE Launcher 对话框。

图 1-22　Eclipse IDE Launcher 对话框

（6）单击 Browse 按钮，设置 Eclipse 的工作空间（Workspace）。

工作空间可理解为文档目录，用于存放项目文件、Eclipse 的配置文件和临时文件。指定工作空间的路径后，后续在 Eclipse 中创建的项目都会保存在该路径下。由于放置在工作空间中的项目采用相对路径保存项目信息，因此，无论如何移动工作空间，其中的项目都能正常工作。

在默认情况下，每次启动 Eclipse 时都会启动 Eclipse IDE Launcher 对话框，如果读者不希望每次启动时都被询问工作空间的设置，则可以勾选 Use this as the default and do not ask again 复选框。

（7）单击 Launch 按钮，即可启动 Eclipse。在初次启动时，会显示如图 1-23 所示的欢迎界面。

欢迎界面提供了访问某些常用功能的快捷方式，如果读者希望每次启动时都显示欢迎界面，则可以勾选右下角的 Always show Welcome at start up 复选框。

（8）关闭欢迎界面，即可进入 Eclipse 的工作界面，如图 1-24 所示。编辑器两侧和底部为各种窗格。

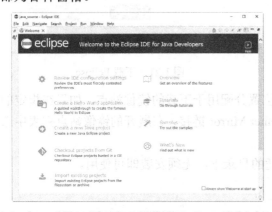

图 1-23　欢迎界面

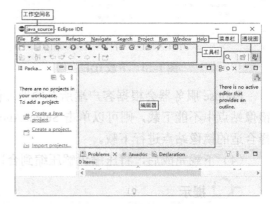

图 1-24　Eclipse 的工作界面

## 二、开发 Java 程序

Java 程序（也称项目）以类为基本单位，由若干个类构成。为便于维护，每个类被放置在一个源文件中。Java 程序必须有一个主类，即含有 main()方法（主方法）的类，它是执行程序的入口。

使用 Eclipse 开发 Java 程序的步骤一般为：新建 Java 项目→新建 Java 类→编写 Java 代码→运行 Java 程序。

## 案例——使用 Eclipse 编译和运行程序

本案例使用 Eclipse 创建 HelloWorld 项目，编译并运行相应程序，帮助读者熟悉使用 Eclipse 编译和运行程序的方法。

首先新建 Java 项目。

（1）启动 Eclipse，在菜单栏中选择 File→New→Java Project 命令，打开 New Java Project 对话框，如图 1-25 所示。在 Project name 文本框中输入项目名称 HelloWorld。在 Project layout 选项区域中选中 Create separate folders for sources and class files 单选按钮，这样可以为源文件和类文件分别创建单独的文件夹。其他选项保持默认设置。

图 1-25　New Java Project 对话框

（2）单击 Finish 按钮，打开 New module-info.java 对话框。

该对话框用于新建模块化声明文件。模块化开发比较复杂，并且新建的模块化声明文件会影响 Java 项目的运行，因此通常不建议初学者新建模块化声明文件。

（3）单击 Don't Create 按钮关闭对话框，即可完成 Java 项目的创建。此时，在 Package Explorer 窗格中可以看到创建的项目 HelloWorld。展开该节点，其中的 src 为项目的源码目录，如图 1-26 所示。

然后创建 Java 类文件，可通过"New Java Class"向导完成。

（4）在 src 目录上单击鼠标右键，在弹出的快捷菜单中选择 New→Class 命令，打开 New Java Class 对话框。在 Name 文本框中输入类的名称 Hello，勾选 public static void main(String[] args)复选框，如图 1-27 所示。

Source folder 文本框用于填写源程序文件夹的路径，默认自动填充，一般不用修改。

Package 文本框用于填写类文件的包名，如果不填写，则使用 Java 项目的默认包。

勾选 public static void main(String[] args)复选框后，在创建类文件时，会自动为该类添

加 main()方法，使该类成为可以运行的主类。

图 1-26　创建的 Java 项目

图 1-27　创建类

（5）单击 Finish 按钮，即可创建 Hello 类。此时在 Eclipse 编辑器中可以看到自动添加的结构代码，在 src 目录下可以看到创建的类文件 Hello.java，如图 1-28 所示。

图 1-28　创建的类文件 Hello.java

接着编写 Java 代码。

（6）在编辑器中编辑 main()方法的代码，例如，在 Console（控制台）窗格中输出文本"Hello World!"，如图 1-29 所示。在编辑过程中，Eclipse 会同时进行编译工作，生成.class 文件，在项目的 bin 目录下可以看到该文件，如图 1-30 所示。

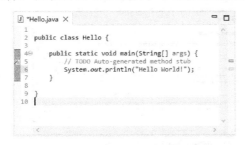 

图 1-29　编辑 main()方法的代码　　　　　　图 1-30　生成的.class 文件

最后，源码编译完成，就可以运行 Java 程序了。

（7）在工具栏中单击 ⊙ 按钮，在弹出的下拉列表中选择 Run As→Java Application 选项，如图 1-31 所示，或在 main()方法所在的主类 Hello 上单击鼠标右键，在弹出的快捷菜单中选择 Run As→Java Application 命令，即可运行程序。

图 1-31　运行程序入口

如果在运行程序前没有保存项目中的资源文件，则会弹出如图 1-32 所示的 Save and Launch 对话框，选中要保存的资源文件后，单击 OK 按钮，即可开始运行程序。

（8）运行结束后，在编辑器下方的 Console 窗口中可以看到输出结果，如图 1-33 所示。

图 1-32　Save and Launch 对话框　　　　　　图 1-33　输出结果

## 三、导入项目文件

如果要将已有的项目文件导入 Eclipse 中，可以执行以下操作。

（1）在菜单栏中选择 File→Import 命令，打开 Import 对话框，如图 1-34 所示。

（2）展开列表框中的 General 节点，选择 Existing Projects into Workspace 选项。

（3）单击 Next 按钮，在打开的对话框中单击 Browse 按钮，选中项目文件所在的文件夹。Eclipse 即可自动识别 Java 项目文件名称并将选中的项目文件添加到 Projects 列表框中，如图 1-35 所示。

图 1-34　Import 对话框　　　　　　图 1-35　选择要导入的项目文件

（4）单击 Finish 按钮，即可将指定的项目文件导入当前工作空间中，并且显示在 Package Explorer 窗格中。

## 四、为项目添加常用类库

一个大型完整的 Java 项目，往往需要多个 JAR 类库的支持，例如，JDBC 数据库连接的类库、Hibernate 类库、Spring 类库，以及一些自定义类库等，这些类库必须添加到当前项目的构建路径中才能被使用。

新建一个用户库，用于放置常用的类库。

（1）在 Eclipse 中选择 Window→Preferences 命令，在打开的对话框左侧窗格中选择 Java→Build Path→User Libraries 选项，在右侧窗格中单击 New 按钮，打开 New User Library 对话框，如图 1-36 所示。

（2）输入类库名称，单击 OK 按钮创建用户库。

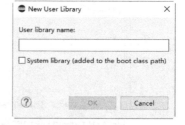

图 1-36　New User Library 对话框

 注意

在创建用户库时，不要勾选 System library(added to the boot class path)复选框，否则在运行时会报错。

（3）单击 Add External JARs 按钮，在打开的 JAR Selection 对话框中选择需要添加的 jar 包，单击 Open 按钮添加类库，单击 Apply and Close 按钮关闭对话框。

（4）如果要在项目中使用某个用户库，则可以执行以下操作。

在 Eclipse 中选中要使用类库的项目并右击，在弹出的快捷菜单中选择 build path→Add Library 命令，打开 Add Library 对话框，在库类型列表框中选择 User Library 选项，如图 1-37 所示。

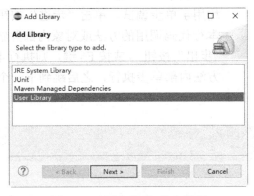

图 1-37 选择要添加的库类型

（5）单击 Next 按钮，在显示的库列表中勾选需要的类库，单击 Finish 按钮即可。

## 五、程序调试

在程序开发过程中，为了验证程序的运行情况，通常需要对程序段进行反复调试、修改。Eclipse 内置了 Java 调试器，可以设置程序断点，以单步调试方式运行 Java 程序。

在使用 Eclipse 的 Java 调试器时，首先要设置程序断点，然后使用单步调试方式分别运行程序代码的每一行。

### 1．设置程序断点

在 Eclipse 编辑器中双击代码行号，即可在当前行添加断点或删除断点，如图 1-38 所示。

Java 调试器每次遇到程序断点时都将暂停当前程序的运行。

### 2．以单步调试方式运行 Java 程序

设置程序断点后，在编辑器的空白位置右击，在弹出的快捷菜单中选择 Debug As→Java Application 命令，Java 调试器即可打开 Debug 窗格运行程序，并且在断点处暂停程序的运行，如图 1-39 所示。

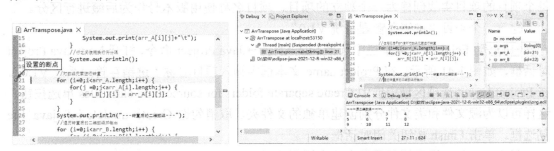

图 1-38 设置程序断点　　　　　图 1-39 以单步调试方式运行 Java 程序

### 3. 调试程序

当程序遇到断点暂停执行时，可以利用工具栏上的调试工具（见图1-40）对程序进行调试。

图1-40  调试工具

其中，"步进"（Step Into）和"步出"（Step Over）按钮均用于单步调试。单击"步进"按钮 或按F5键，将进入本行代码调用的方法或对象内部并继续单步执行程序。单击"步出"按钮 或按F6键，则执行本行代码，但不进入调用方法内部单步执行，之后跳到下一个可执行点。

## 项目总结

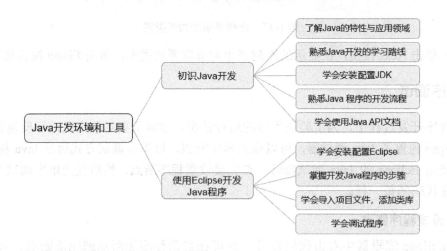

## 项目实战

在配置完成Java的开发环境并了解了Java程序开发的流程之后，就可以由浅入深地逐步制作一个简单的进销存管理系统了。为便于读者查看各个项目实战的实现源码，本书将每个项目的项目实战创建为一个独立的项目，项目名称使用版本号作为后缀进行区分。下面创建第一个项目"进销存管理系统V1.0"。

（1）启动Eclipse，在菜单栏中选择File→New→Java Project命令，打开New Java Project对话框，如图1-41所示。在Project name文本框中输入项目名称"进销存管理系统V1.0"。在Project layout选项区域中选中Create separate folders for sources and class files单选按钮，这样可以为源文件和类文件分别创建单独的文件夹。取消勾选Create module-info.java file复选框。单击Finish按钮关闭对话框。

新建一个包，用于管理项目中的应用程序界面。

（2）选中项目名称并右击，在弹出的快捷菜单中选择 New→Package 命令，打开 New Java Package 对话框，输入包名称 ui，如图 1-42 所示。单击 Finish 按钮关闭对话框。

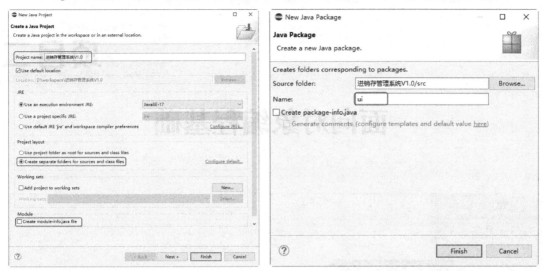

图 1-41　New Java Project 对话框　　　　图 1-42　新建一个包

（3）在包中添加类。在 Package Explorer 窗格中选中包名称并右击，在弹出的快捷菜单中选择 New→Class 命令，打开 New Java Class 对话框，输入类名称 Entrance，单击 Finish 按钮关闭对话框。

（4）在 Entrance.java 中添加 main()方法，并且在方法体中编写代码输出一行文字。具体代码如下：

```java
package ui;

public class Entrance {
    public static void main(String[] args) {
        System.out.println("进销存管理系统正在开发中，敬请期待……");
    }
}
```

（5）运行 Entrance.java，即可在 Console 窗格中输出一行文字，如图 1-43 所示。

图 1-43　输出结果

至此，一个简单的 Java 项目制作完成。在接下来各项目的项目实战中，将逐步完善该项目的功能与操作界面。

项目二

# 面向对象编程基础

### 思政目标
- 按照现实世界本来的面貌理解世界,从基础着手,培养严谨求实的优秀品质
- 遵循事物的发展规律,提高正确认识、分析和解决问题的能力

### 技能目标
- 能够定义类及类的成员
- 能够使用对象访问类的成员
- 能够使用静态成员

### 项目导读

面向对象的软件开发方法的主要特点之一,就是采用数据抽象的方法构建一种数据类型(类),用于封装数据和相关的操作。每个类既包含数据,也包含针对这些数据的授权操作,即方法。本项目介绍类和类的各种成员的创建、使用方法,以及在面向对象编程中常用的数组和字符串的操作方法。

# 任务一 类与对象

### 任务引入

在学习 Java 之初，小白就知道 Java 是一种完全面向对象的编程语言，在学习过程中，也总能听到或看到"面向对象""类""对象"这样的字眼。那么，面向对象编程思想是如何在程序中体现的呢？什么是类，怎样定义类呢？类包含哪些成员，又该如何定义并使用这些成员呢？

### 知识准备

## 一、面向对象简介

面向对象是一种符合人类思维习惯的编程思想，是一种数据抽象和信息隐藏的技术。在程序开发中引入的面向对象编程（Object Oriented Programming，OOP）的概念，其实质就是以对象为中心，以信息为驱动，对现实世界中的对象进行建模操作。由于它使软件的开发更加简单，又能降低软件的复杂度，提高软件的生产效率，因此得到了广泛应用。

面向对象所具有的特点主要可以概括为封装、继承和多态。

### 1. 封装

封装是面向对象的核心思想，它有两层含义：一层含义是指把描述对象属性的变量及实现对象功能的方法看成一个密不可分的整体，将这两者"封装"在一个不可分割的独立程序单位（即对象）中；另一层含义是指"信息隐藏"，即为封装在一个整体内的变量及方法设置不同级别的访问权限。一些对象的属性及行为允许外界用户知道或使用，但不允许更改；另一些对象的属性及行为，则不允许外界用户知道，或只允许使用对象的功能，而尽可能隐藏对象的功能实现细节。

### 2. 继承

继承主要指类与类之间的关系，首先拥有反映事物一般特性的类，然后在其基础上派生出能反映特殊事物的类。通过继承，可以更高效地对原有类的功能进行扩展。继承不仅增强了代码的复用性，提高了开发效率，还为程序的修改补充提供了便利。

### 3. 多态

多态是指把子类型的对象主观地看作其父类型的对象，那么父类型就可以包含很多种类型，对同一种行为能够表现出很多种不同的形式。多态性可提高程序的抽象程度和简洁程度，有助于程序开发人员之间进行协作。

## 二、类的声明与定义

在面向对象编程思想中,类是封装属性和行为的载体,是创建对象的模板。Java 是面向对象语言,引入了类的概念。

### 1. 声明类

类是 Java 程序的基本要素,使用关键字 class 声明,具体语法格式如下:

```
[类的修饰符] class 类名
{
    //类体
}
```

类的修饰符包括访问权限修饰符、最终类修饰符(final)和抽象类修饰符(abstract)三种。在定义类时,可以使用任意一个或多个修饰符,也可以省略。其中,访问权限修饰符用于指定对类的访问限制,包括 public、protected 和 private。public 表示类中的成员可以被任何代码访问;protected 表示类中的成员只能由类或派生类中的代码访问;private 表示类中的成员仅能被同一个类中的代码访问。当省略访问权限修饰符时,表示可访问范围为同一个包中的类。

类名是用于描述类的功能的标识符。如果类名由几个单词复合而成,建议遵循 Camel 命名法(驼峰命名法),即每个单词的首字母大写。

类体用于定义一类具有共同特征的对象所具有的属性和行为。属性用于描述类对象的属性,称为成员变量;行为用于描述类对象的操作,称为成员方法。成员变量和成员方法统称为类成员。

### 2. 定义成员变量

定义成员变量的方法与定义变量类似,不同的是,成员变量前面可以加上修饰符,具体语法格式如下:

```
[修饰符] 数据类型 变量名 [= 值];
```

类成员的修饰符包括访问权限修饰符 public、protected 和 private,静态变量修饰符 static;常量说明符 final。其中,静态变量也称为类变量,可以直接通过类名访问;没有 static 修饰的变量称为实例变量,只能通过实例化的对象名访问。

### 3. 定义成员方法

定义成员方法的语法格式如下:

```
[访问修饰符] 返回值类型 方法名([形参列表]) {
    //方法体;
}
```

其中,"[访问修饰符] 返回值类型 方法名([形参列表])"是方法头,也可称为方法的签名。

访问修饰符可以是类成员访问权限修饰符中的任意一种,如果省略,则只能在当前类及同一个包的类中进行访问。

方法的返回值类型可以是任意的数据类型,如果指定了返回值类型,则必须在方法体中使用 return 关键字返回一个与之类型匹配的值;如果没有指定返回值类型,则必须使用

void 关键字表示没有返回值。

方法名通常遵循 Pascal 命名法,即第一个单词的字母全部小写,之后的每个单词的首字母大写,用于描述方法所实现的功能。

形参列表用于指定方法使用的参数,使用"数据类型 参数名"的形式定义。一个方法中可以有 0 到多个参数,如果没有指定参数,也要保留形参列表的小括号;如果使用多个参数,则多个参数之间用逗号隔开。

在 Java 中,如果定义了 private(私有)的成员变量,为保证对私有变量操作的安全性,需要在类体中给出该私有变量的一对方法(get×××()和 set×××()),用于获取和设置这些私有变量。获取成员变量值的方法称为 getter 方法,方法名为成员变量名加上 get 前缀;设置成员变量值的方法称为 setter 方法,方法名为成员变量名加上 set 前缀。例如,getName()方法表示成员变量 name 的 getter 方法;setName()方法表示成员变量 name 的 setter 方法。

## 三、构造方法

在类中除了可以定义成员方法,还可以定义一个特殊的方法——构造方法。构造方法是一个与类同名的方法,在使用关键字 new 实例化类对象时默认被调用,用于初始化成员变量。

构造方法具有以下特点:
- 构造方法名与所在类的类名相同;
- 构造方法没有返回值,不能指定返回值类型,也不能定义为 void;
- 构造方法用于初始化无 static 修饰的成员变量。

如果在类中没有定义构造方法,那么在实例化类对象时,系统会自动生成一个无参数的构造方法。该构造方法自动将所有的成员变量初始化为相应数据类型的默认值,如表 2-1 所示。

表 2-1 数据类型的默认值

| 数据类型 | 默认值 | 说明 |
| --- | --- | --- |
| byte、short、int、long | 0 | 整型零 |
| float、double | 0.0 | 浮点零 |
| char | '\u0000' | 空值 |
| boolean | false | 逻辑假 |
| 引用类型,如 String | null | 空值 |

如果在定义构造方法时指定了参数,也就是定义有参构造方法,那么在实例化该类的对象时,相应的成员变量即可被初始化为指定的值。

### 注意

如果在类中仅定义了有参构造方法,则编译器不会为类自动创建一个无参构造方法。在这种情况下,如果调用无参构造方法实例化类对象,则编译器会报错。

### 案例——定义矩形类 Rectangle

本案例通过定义一个矩形类,演示各种类成员的定义方法。

（1）新建一个 Java 项目 ClassDemo，在其中添加一个类 Rectangle。
（2）在类中定义成员变量，具体代码如下：

```java
public class Rectangle {
    //定义成员变量
    private float width;       //矩形的宽
    private float height;      //矩形的高
    float length;              //矩形的周长
    float area;                //矩形的面积
}
```

（3）将光标定位在一个成员变量中，在菜单栏中选择 Source→Generate Getters and Setters 命令。在弹出的对话框中勾选要创建 getter 方法和 setter 方法的成员变量 width 和 height，插入点为变量 area 的定义之后，如图 2-1 所示。

图 2-1　Generate Getters and Setters 对话框

（4）单击 Generate 按钮，即可在编辑器的指定位置生成成员变量 width 和 height 的 getter 方法和 setter 方法。

（5）在类中首先定义有参构造方法，然后定义两个成员方法，分别用于计算矩形的周长和面积。关键代码如下：

```java
public class Rectangle {
    //定义成员变量
    private float width;       //矩形的宽
    private float height;      //矩形的高
    float length;              //矩形的周长
    float area;                //矩形的面积
    //定义有参构造方法
    Rectangle(float w,float h){
        width = w;
        height = h;
    }
    //定义成员方法，用于计算矩形的周长
```

```java
    float computeLength() {
        length = (width+height)*2;
        return length;
    }
    //定义成员方法,用于计算矩形的面积
    float computeArea() {
        area = width*height;
        return area;
    }
    //getter方法用于获取矩形的宽
    public float getWidth() {
        return width;
    }
    //setter方法用于设置矩形的宽
    public void setWidth(float width) {
        this.width = width;
    }
    //getter方法用于获取矩形的高
    public float getHeight() {
        return height;
    }
    //setter方法用于设置矩形的高
    public void setHeight(float height) {
        this.height = height;
    }
}
```

## 四、对象的创建及使用

定义了类及其中的类成员之后,就可以在程序中创建类的对象,访问类中的成员。创建类的对象就是构造类的实例,也称实例化类对象,可以理解为基于一个模板定制一个对象。例如,在定义一个矩形类 Rectangle 后,就可以基于该类创建长和宽各不相同的矩形对象。

在 Java 中,实例化类对象的语法格式如下:

```
类名 对象名 = new 构造方法([参数列表]);
```

在使用关键字 new 实例化类对象时,new 的主要功能是分配对象的内存空间。对象的内容被存储在内存空间中,而对象的名称只是对该内存空间的引用。当调用构造方法时,可以在分配内存空间的同时实例化类对象。如果在实例化类对象时没有明确给出对象的名称,这种对象就被称为匿名对象,与之相对的有明确名称的对象则被称为有名对象。实例化匿名对象的语法格式如下:

```
new 构造方法([参数列表]);
```

由于匿名对象没有指向内存空间的引用(也就是没有对象名称),因此在使用一次之后就成为垃圾空间,等待垃圾收集机制(GC)回收。

在创建有名对象后,就可以通过"对象名"调用类中的成员,语法格式如下:

```
对象名.成员变量名
对象名.成员方法名([参数列表])
```

> **提示**
>
> 如果将类中的成员使用修饰符 static 声明，则在访问类成员时直接使用"类名.类成员"的方式即可，不用创建类对象。如果将一个方法声明为静态的，在方法中只能访问静态类成员，非静态类成员通过类的对象调用才能访问。在实际应用中，通常将类中经常被调用的方法声明成静态的。

## 案例——计算矩形的周长和面积

本案例实例化在上一个案例中定义的类对象，通过调用类中的方法，计算给定长、宽的矩形的周长和面积。

（1）打开项目 ClassDemo 中的 Rectangle.java 文件。

（2）在类 Rectangle 中定义一个无参构造方法，编写 main()方法，实例化一个 Rectangle 类对象，调用类的成员方法计算该矩形的周长和面积，具体代码如下：

```java
public class Rectangle {
    //定义成员变量
    private float width;        //矩形的宽
    private float height;       //矩形的高
    float length;               //矩形的周长
    float area;                 //矩形的面积
    //定义有参构造方法
    Rectangle(float w,float h){
        width = w;
        height = h;
    }
    //定义无参构造方法
    Rectangle(){
    }
    //定义成员方法，用于计算矩形的周长
    float computeLength() {
        length = (width+height)*2;
        return length;
    }
    //定义成员方法，用于计算矩形的面积
    float computeArea() {
        area = width*height;
        return area;
    }
    //getter方法用于获取矩形的宽
    public float getWidth() {
        return width;
    }
    //setter方法用于设置矩形的宽
    public void setWidth(float width) {
        this.width = width;
```

```java
    }
    //getter方法用于获取矩形的高
    public float getHeight() {
        return height;
    }
    //setter方法用于设置矩形的高
    public void setHeight(float height) {
        this.height = height;
    }
    public static void main(String[] args) {
        //使用有参构造方法创建对象
        Rectangle rec_1 = new Rectangle(12F,8F);
        System.out.println("-----矩形 rec_1------");
        //调用getter方法获取对象的属性值
        System.out.println("\0\0 宽: "+rec_1.getWidth()+"\t 高: "+rec_1.getHeight());
        //调用成员方法计算矩形的周长和面积
        System.out.println("\0\0 周长: "+rec_1.computeLength());
        System.out.println("\0\0 面积: "+rec_1.computeArea());
        //使用无参构造方法创建对象
        Rectangle rec_2 = new Rectangle();
        //调用setter方法设置对象属性
        rec_2.setWidth(18F);
        rec_2.setHeight(9F);
        System.out.println("-----矩形 rec_2------");
        //调用getter方法获取对象的属性值
        System.out.println("\0\0 宽: "+rec_2.getWidth()+"\t 高: "+rec_2.getHeight());
        //调用成员方法计算矩形的周长和面积
        System.out.println("\0\0 周长: "+rec_2.computeLength());
        System.out.println("\0\0 面积: "+rec_2.computeArea());
    }
}
```

在上述代码的main()方法中，创建了两个Rectangle对象，实质是构造方法的重载，通过匹配参数列表调用不同版本的构造方法初始化对象的属性。成员变量使用了修饰符private，表示只可在本类中访问这些变量，如果要在类外部访问这些变量，则需要通过与之对应的setter方法和getter方法。

（3）运行程序，在Console窗格中可以看到输出结果，如图2-2所示。

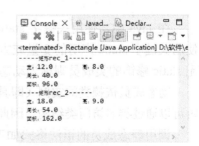

图2-2 输出结果

## 五、调用本类结构

变量都有作用域，只能在其作用域范围内被使用。在类体中，成员变量的作用域为整个类体。成员方法的形参和方法体内声明的变量为局部变量，其作用域为方法体。如果类的成员变量与成员方法中的局部变量重名，则可以使用关键字 this 代表当前类结构的引用进行区分。

在 Java 中，关键字 this 可以描述以下 4 种结构的引用。
- 当前对象：this。
- 当前类中的属性：this.属性。
- 当前类中的成员方法：this.方法名()。
- 当前类中的其他构造方法：this()。

 注意

由于所有类的构造方法都是在对象实例化时被默认调用的，因此使用 this() 调用构造方法的操作一定要放在构造方法的第 1 行。

例如下面的程序，将输出局部变量 age 的值 25。

```java
public class Person {
    //成员变量age
    int age = 36;
    //方法中的形参age为局部变量
    public void showAge(int age) {
        System.out.println(age);
    }
    public static void main(String[] args) {
        Person someone = new Person();
        someone.showAge(25);
    }
}
```

如果将成员方法 showAge() 的方法体修改为 System.out.println(this.age);，则输出成员变量 age 的值 36。

## 六、定义全局属性和方法

在 Java 中，使用关键字 static 可以声明所有对象都可以使用的全局属性和全局方法。使用关键字 static 声明的变量或方法称为静态变量或静态方法，统称为静态成员。相对地，无 static 修饰的类成员则称为动态成员。

动态成员依赖类的实例（即具体的对象）访问类结构，而静态成员在没有实例化类对象时可以通过类名访问类结构。因此，动态变量又称为实例变量，静态变量又称为类变量。

调用静态成员的语法格式如下：

类名.静态变量名
类名.静态方法名（参数列表）

在类的内部，任何成员方法都可以访问静态变量，在没有变量重名的情况下，不用在静态变量名前加类名（或 this）前缀。如果要在其他类中访问静态变量，则需要在静态变量名前加类名前缀。

> **提示**
>
> 虽然静态成员也可以像动态成员那样通过实例化类对象来调用,但 Java 开发标准不提倡使用这种调用格式。

静态方法不能直接调用动态成员,必须先实例化类对象,再由对象来引用动态成员。例如,类的 main()方法就是一个静态方法,如果在 main()方法中直接访问类的一个成员变量,就会报错,提示不能在静态方法中访问非静态的成员变量(field),如图 2-3 所示。

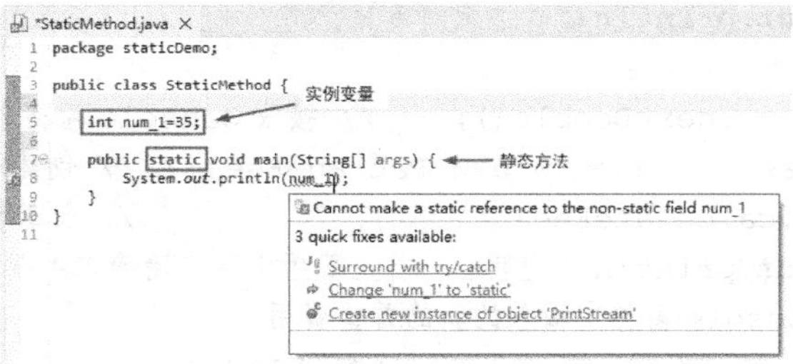

图 2-3  程序报错

### 案例——计算快递费用

假设某快递公司只接收重量小于或等于 100kg 的包裹,快递费用按重量计算,到上海首重 12 元,续重 1.01~20kg,每千克加收 4 元;续重 20.1~50kg,每千克加收 3.5 元;续重 50.1~100kg,每千克加收 3 元。要求根据包裹重量计算首重调整前后的快递费用。

(1)新建一个 Java 项目 PackageFee,添加一个 PackageFee 类。

(2)首先在类中将首重费用定义为静态变量,添加类的成员方法用于计算快递费用、调整首重费用,然后添加 main()方法创建类的对象,输入包裹重量,并调用静态变量和成员方法计算快递费用。具体代码如下:

```java
// 引入 Scanner 类
import java.util.Scanner;
public class PackageFee {
    static double firstPound =12;        // 将首重费用定义为静态变量
    public void calculateFee (double weight) { // 定义方法,根据重量计算快递费用
        double fee = 0;
        if (weight <= 1.0) {                  // 1kg 以内
            fee = firstPound;
        } else if (weight <= 20.0) {          // 续重 1.01~20kg
            fee = Math.ceil((weight - 1.0)) *4 + firstPound;
        } else if (weight <= 50.0) {          // 续重 20.1~50kg
            fee = Math.ceil((weight - 1.0)) *3.5 + firstPound;
        } else if (weight <= 100.0) {
            // 续重 50.1~100kg
            fee =Math.ceil((weight - 1.0)) *3 + firstPound;
        }else
            // 超重提示
            System.out.println("您的包裹重量超出 100kg,请咨询物流公司!");
        System.out.println("应付快递费用: " + fee + "元。"); // 输出快递费用
```

```java
        }
        // 调整首重费用
        public void changeStartingPrice(double newPrice) {
            firstPound = newPrice;
        }
        public static void main(String[] args) {
            double weight;                                    // 包裹重量
            Scanner sc = new Scanner(System.in);              // 创建扫描器
            // 在不创建类的情况下访问静态变量输出首重费用
            System.out.println("寄达上海首重费用" + firstPound + "元\n请输入包裹重量: ");
            weight = sc.nextDouble();            // 接收 Console 窗格中输入的包裹重量
            PackageFee packageA = new PackageFee();   // 创建对象
            packageA.calculateFee(weight);            // 计算快递费用
            System.out.println("迎新春: 首重费用下调! 请输入下调后的首重费用: ");
            // 接收 Console 窗格中输入的新的首重费用
            double changedPrice = sc.nextDouble();
            System.out.println("请输入包裹重量: ");
            weight = sc.nextDouble();            // 接收 Console 窗格中输入的包裹重量
            PackageFee packageB = new PackageFee();   // 创建对象
            packageB.changeStartingPrice(changedPrice);// 调用方法设置新的首重费用
            packageB.calculateFee(weight);            // 计算快递费用
            sc.close();                               // 关闭扫描器
        }
    }
```

（3）运行程序，根据提示在 Console 窗格中输入包裹重量和新的首重费用，即可计算对应的快递费用，如图 2-4 所示。

图 2-4　输出结果

# 任务二　使用数组

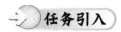

在构建进销存管理系统时，小白准备用数组存放入库的商品，出库时从数组中读取对

应的商品。那么，在 Java 中，如何创建并初始化数组呢？在出库操作中，如何在数组中查找指定的商品是否存在呢？

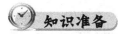知识准备

数组，顾名思义就是一组数据。对于每一种编程语言，数组都是一种重要的数据结构，是用一个标识符封装到一起的具有相同类型的数据序列或对象序列。在程序设计中引入数组可以更有效地管理和处理数据。

## 一、创建数组

Java 中提供的数组用来存储固定大小的同类型元素，可以被看作一个对象。根据数组的维数，数组可以分为一维数组、二维数组等。本节仅介绍常用的一维数组和二维数组的创建方法。

### 1. 一维数组

一维数组实质上是一组具有相同数据类型的数据的有序集合，整个集合使用数组名称作为标识符，其中的每一个数据称为一个数组元素，按照排列顺序，使用一个唯一的索引（从 0 开始）进行标识。数组的数据类型取决于数组元素的数据类型，可以是 Java 中任意的数据类型（基本数据类型或引用数据类型）。数组必须先声明，再使用。

一维数组有以下两种声明方式：
```
元素数据类型 数组名称[];
元素数据类型[] 数组名称;
```

其中，[]表明声明的变量是一个数组，[]的数量代表了数组的维度，一个[]表示一维数组。

声明数组后，只是给出了数组名称和元素数据类型，还要使用 new 运算符分配内存空间并指明数组的长度，语法格式如下：
```
数组名称 = new 数组元素类型[元素个数];
```

数组名称必须是一个合法的标识符，元素个数又称为数组的长度，指数组中包含的元素个数。例如：
```
myArr = new int[65];
```

上面的代码表示创建一个名称为 myArr 的数组，其中的元素数据类型为 int 类型，该数组可以存储 65 个 int 类型的元素。

注意

创建数组之后不能再修改数组的长度。

数组创建之后，每个元素会被自动赋值为对应的数据类型的默认值。因此，数组 myArr 创建之后，其中存储的是 65 个初始值为 0 的 int 类型元素。

除了先声明再使用，还可以在声明数组的同时为数组分配内存空间，语法格式如下：
```
元素数据类型 数组名称 = new 元素数据类型[元素个数];
```
例如，下面的代码表示声明数组 myArr 并为其分配内存空间：

```
int myArr = new int[65];
```

**2. 二维数组**

二维数组可以看作以元素为数组的数组，即数组中的每个元素都是一个数组。二维数组的声明方式与一维数组类似，也有两种声明方式，不同的是，二维数组包含两个[]。具体语法格式如下：

元素数据类型 数组名称[][];
元素数据类型[][] 数组名称;

第 2 种格式是 Java 惯用的格式。例如，下面的语句使用两种方式声明了一个 char 类型的二维数组 textlist:

```
char textlist[][];
char[][] textlist;
```

声明二维数组后，同样需要使用关键字 new 为其分配内存空间来创建数组。在创建数组时，第 1 维的长度必须指定，第 2 维的长度可以省略。例如：

```
//同时指定第 1 维和第 2 维的长度
int arr_B[][];
arr_B=new int[3][4];
//首先指定第1维的长度，省略第2维的长度，然后分别指定各个元素的第2维的长度
int arr_B[][];
arr_B = new int[3][];
arr_B[0] = new int[4];
arr_B[1] = new int[4];
arr_B[2] = new int[4];
```

Java 通过数组元素的下标（也称为索引）引用数组中的具体元素，语法格式如下：

数组名称[元素下标（索引）]

例如，arr_B[1]表示数组 arr_B 的第 2 个元素。

在这里要提醒读者注意的是，数组元素的下标是从 0 开始、增量为 1 的整数序列，最后一个元素的下标为数组的长度-1。

在 Java 中，数组是一个对象，有自己的属性和方法，通过调用属性 length 就可以得到数组的长度，值为 int 类型。例如，表达式 arr_B.length 可返回数组 arr_B 的长度。

在平常的应用中，有时将二维数组的第 1 维称为行，第 2 维称为列，也就是说，上面示例中的二维数组 arr_B 是一个包含 3 行 4 列共 12 个元素的数组。

除了可以创建各个元素行列数都相同的常规二维数组，还可以创建不规则的二维数组，也就是数组元素的第 1 维的长度相同，第 2 维的长度不同的数组。创建方法为首先指定第 1 维的长度，省略第 2 维的长度，然后分别指定每个元素的第 2 维的长度。例如，下面的代码创建了一个不规则二维数组 ir_Arr:

```
//指定第 1 维的长度为 3, 省略第 2 维的长度
int [][] ir_Arr = new int[3][];
//分别指定各个元素的第 2 维的长度
ir_Arr[0]=new int[2];
ir_Arr[1]=new int[4];
ir_Arr[2]=new int[3];
```

## 二、初始化数组

初始化数组是指在创建数组时使用显式方式为数组中的每个元素赋值,有以下两种语法格式:

```
元素类型 数组名称[] = {以逗号分隔的元素值};
元素类型 数组名称[] = new 元素类型[]{以逗号分隔的元素值};
```

例如,下面的两行代码等价,将 int 类型的数组 arr_A 中的各个元素依次赋值为 3,6,9,12:

```
int arr_A[] = {3,6,9,12};
int arr_A[] = new int[] {3,6,9,12};
```

这两种初始化数组的方式都没有指定数组的长度,数组的长度由给定的初始值的个数确定,不能另行指定数组的长度。

> **注意**
>
> 下面初始化数组的方法是错误的:
> ```
> int[] arr_A ;
> arr_A = {3,6,9,12};
> ```

二维数组的初始化方法与一维数组相同,也是直接将元素值包含在{}中。不同的是,二维数组有两个索引,每行的元素值都被包含在{}中。例如:

```
//给 3 行 3 列的二维数组赋值
int[][] arr = {{1,3,5},{2,4,6},{3,6,9}};
int arr [][]= new int[][] {{1,3,5},{2,4,6},{3,6,9}};
```

## 三、遍历数组

如果数组中存储的数据很多,利用数组元素中有规律的索引,并配合使用循环结构,可以很方便地获取数组中的每个元素,即遍历数组。

一维数组通常使用 for 循环实现遍历,二维数组则可以利用双层嵌套的 for 循环遍历所有的行标和列标,从而访问数组中的每个元素。在这里要提醒读者注意的是,对于给定的二维数组 arr[][],最好使用数组的 length 属性值控制循环次数。在使用 length 属性返回数组长度时,arr.length 返回的是二维数组的行数,arr[i].length 返回的是第(i-1)行的列数。

为方便遍历数组和集合,JDK 1.5 之后的版本提供了 foreach 循环。该循环是 for 循环的特殊简化版本,语法格式如下:

```
for(元素类型 元素变量: 数组或集合) {
  //代码块;
}
```

其中,元素变量表示数组或集合中的每个元素。每执行一次循环语句,循环变量就读取数组或集合中的一个元素。

foreach 循环和普通循环不同的是,它无须循环条件,无须循环迭代语句,自动迭代数组中的每个元素,当每个元素都被迭代一次之后,foreach 循环自动结束。

### 案例——转置二维数组

本案例创建了一个 3 行 4 列的二维数组,将数组元素转置并输出。

（1）在 Eclipse 中新建一个 Java 项目 ArrTranspose，选中 src 目录并右击，新建一个名为 ArrTranspose 的类。

（2）首先在编辑器中创建二维数组，然后利用双层嵌套的 foreach 循环和双层嵌套的 for 循环遍历二维数组，对数组元素进行转置并输出，具体代码如下：

```java
public class ArrTranspose {
    public static void main(String[] args) {
        int[][] arr_A = {{1,2,3,4},{5,6,7,8},{9,10,11,12}};//初始化二维数组
        int[][] arr_B = new int [4][3];       //声明并初始化转置后的二维数组
        int i,j;                              //定义循环变量
        System.out.println("———原二维数组———: ");
        //使用双层嵌套的foreach循环遍历原二维数组并输出数组元素，每行的元素使用制表
        //符分隔
        for (int[] a:arr_A) {
            for (int a_ij:a)
                System.out.print(a_ij+"\t");
            System.out.println();              //行之间使用换行符分隔
        }
        //使用双层嵌套的for循环对数组元素进行转置
        for (i=0;i<arr_A.length;i++) {
            for(j =0;j<arr_A[i].length;j++)
                arr_B[j][i] = arr_A[i][j];
        }
        System.out.println("---转置后的二维数组---");
        //使用双层嵌套的foreach循环遍历转置后的二维数组并输出数组元素
        for (int[] b:arr_B) {
            for (int b_ij:b)
                System.out.print(b_ij+"\t");
            System.out.println();
        }
    }
}
```

（3）在工具栏上单击 Run 按钮，在 Console 窗格中可以看到输出结果，如图 2-5 所示。

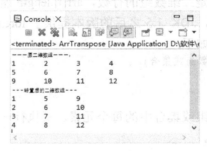

图 2-5　输出结果

## 四、使用 Arrays 工具类

Arrays 工具类的全称是 java.util.Arrays，是 java.util 包提供的一个用于操作数组的实用类。该类包含了一系列用于操作数组的静态方法。下面简要介绍几个常用的静态方法。

## 1. fill()

该方法可将指定的 int 类型的值分配给 int 类型数组的每个元素。语法格式如下：

```
Arrays.fill(数组,值)
```

其中，第 1 个参数是要进行元素分配的数组，第 2 个参数是要分配给数组中的所有元素的值。

## 2. sort()

该方法可将数值类型数组和字符数组中的元素按照元素值由小到大的顺序进行排列。语法格式如下：

```
Arrays.sort(数组)
```

## 3. toString()

该方法可对数组进行遍历，将数组中的所有元素以一个字符串的形式返回。语法格式如下：

```
Arrays.toString(数组)
```

## 4. equals()

该方法可用于比较两个相同类型的数组的值是否相同，返回布尔类型的逻辑值。语法格式如下：

```
Arrays.equals(数组1,数组2)
```

 注意

只有当两个数组的类型相同，元素个数相同，并且对应位置的元素也相同时，才表示两个数组相同。

## 5. binarySearch()

该方法可按照二分查找算法查找数组中是否包含指定的值，如果包含，则返回该值在数组中的索引；如果不包含，则返回负值。语法格式如下：

```
Arrays.binarySearch(数组,值)
```

 注意

在调用 binarySearch() 方法之前必须先对数组进行排序，返回值类型为 int。

## 6. copyOf()

该方法可将指定的数组从索引为 0 的元素开始复制到给定长度的新数组中。如果给定的长度超过源数组长度，则用 null 进行填充。语法格式如下：

```
Arrays.copyOf(源数组,新长度)
```

## 7. copyOfRange()

该方法可将源数组中指定下标范围内的元素复制到一个新数组中。语法格式如下：

```
Arrays.copyOfRange(源数组,开始索引,结束索引)
```

注意

在调用 copyOfRange()方法复制数组元素时，包含开始索引的元素，不包含结束索引的元素。

## 案例——复制并排序数组

本案例创建一个字符数组，首先将数组中的前 3 个元素复制到新数组中，然后对新数组进行排序并返回指定字母在排序后的新数组中的索引。

（1）在 Eclipse 中新建一个 Java 项目 CopySort，选中 src 目录并右击，新建一个名为 CopySort 的类。

（2）在编辑器中输入代码，定义变量并输出。具体代码如下：

```java
import java.util.Arrays;

public class CopySort {
    public static void main(String[] args) {
        //初始化源数组
        char arr[]= new char[5];
        arr[0]='H';
        arr[1]='A';
        arr[2]=arr[3]='P';
        arr[4]='Y';
        //查看源数组内容
        String words;
        words = Arrays.toString(arr);
        System.out.println("源数组内容："+words);
        //将源数组中的前3个元素复制到newArr数组中，并输出
        char[] newArr=Arrays.copyOf(arr, 3);
        words = Arrays.toString(newArr);
        System.out.println("复制的数组内容："+words);
        Arrays.sort(newArr);          //对数组元素进行排序并输出
        System.out.println("排序后的数组内容："+Arrays.toString(newArr));
        //查找字母P在排序后的数组中的索引
        int p;
        p=Arrays.binarySearch(arr,'P');
        System.out.println("字母P在排序后的数组中的索引为："+p);
    }
}
```

（3）在工具栏上单击 Run 按钮，在 Console 窗格中可以看到输出结果，如图 2-6 所示。

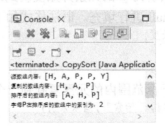

图 2-6 输出结果

# 任务三　处理字符串

## 任务引入

在入库、出库、修改和查询商品的操作中，小白需要使用字符串存储商品名称并存入数组，或者与数组中的元素进行比对。那么在 Java 中，如何创建字符串呢？怎样对字符串进行常见的处理操作呢？

## 知识准备

在实际项目开发中，经常涉及与字符序列有关的算法，为此，Java 专门提供了处理字符序列的字符串类（String 类和 StringBuffer 类）。

### 一、创建 String 类的字符串

String 是 Java 中的文本数据类型，其本质是字符数组，可以包含若干个字符。字符串中的字符必须被包含在双引号中。字符串是常量，在创建之后不能更改字符串的值，但是可以通过使用其他变量重新赋值的方式进行更改。

创建 String 类的字符串有两种方式：一种是使用双引号赋值创建，另一种是使用关键字 new 创建。例如：

```
//使用双引号赋值创建
String s = "We're good kids!";
//使用关键字 new 创建
String s1 = new String();    //创建一个不包含内容的字符串，并非空值（null）
String s2 = new String("We're good kids!");
```

除此之外，还可以将字符数组转换为字符串，语法格式如下：

```
new String(char[]);
```

例如：

```
//创建一个字符数组
char[] arr = {'莫','听','穿','林','打','叶','声'};
//创建字符串
String s = new String(arr);
```

如果字符数组中包含需要的字符，则可以通过提取这些字符来创建字符串，语法格式如下：

```
new String(char[],offset,count);//将字符数组中的一部分字符转换为字符串
```

其中，第 1 个参数 char[] 为字符数组，第 2 个参数 offset 为提取字符的开始位置，第 3 个参数 count 为要提取的字符个数。例如：

```
//创建一个字符数组
char[] arr = {'莫','听','穿','林','打','叶','声'};
```

```
//在字符数组 arr 中从索引 2 开始,提取 2 个连续的字符并将其转换为字符串
String s = new String(arr,2,2);//输出"穿林"
```

## 二、String 类的常用操作

Java 提供了丰富的处理字符串的方法,使用这些方法可以连接多个字符串或其他类型的数据、获取字符串内容、将字符数组或字节数组及其他类型的数据转换为字符串、修改字符串的字母大小写和内容,以及对字符串进行判断和比较。

### 1. 连接字符串

连接字符串是程序设计中常用的一种字符串操作,方法是使用"+"运算符连接字符串与其他类型的数据,生成一个 String 对象。如果某个字符串较长,在一行中输入不便于阅读,则可以使用"+"运算符将字符串分割为多行。例如:

```
System.out.println("莫听穿林打叶声,"+
"何妨吟啸且徐行。"+
"竹杖芒鞋轻胜马,谁怕? "+
"一蓑烟雨任平生。");
```

 提示

在将字符串与其他类型的数据进行连接时,会将其他类型的数据直接转换成字符串。

除了使用"+"运算符连接字符串,String 类还自带了 concat()方法,用于在当前字符串末尾追加指定的字符串,语法格式如下:

```
字符串名称.concat(要追加的字符串);
```

例如:
```
String s1 = "CCTV14 06:30-07:00 播出的节目是";
String s2 = "《小小智慧树》";//要追加的字符串
String s = s1.concat(s2);    //CCTV14 06:30-07:00 播出的节目是《小小智慧树》
```

### 2. 获取字符串内容

(1)获取字符串的长度。

使用 length()方法可以获取字符串的长度,返回字符串中包含的字符(包括标点和空格)个数,语法格式如下:

```
字符串名称.length();
```

(2)获取字符串中指定位置的字符。

使用 charAt()方法可以获取字符串中指定位置的字符,语法格式如下:

```
字符串名称.charAt(int index);
```

其中,参数 index 是字符在字符串中的索引,从 0 开始。

(3)获取指定字符或子串在字符串中首次出现的位置。

使用 indexOf()方法可以获取指定字符或子串在字符串中首次出现的位置,语法格式如下:

```
字符串名称.indexOf(要查找的字符或子串);
```

返回值类型为 int。如果指定的字符或子串不存在,则返回-1。如果要返回从指定位置开始指定字符或子串在字符串中首次出现的位置,则可以使用如下语法格式:

字符串名称.indexOf(要查找的字符或子串,指定位置的索引);

例如：
```
String s = "Who are you?";
//从第1个字符开始查找，返回字符串"are"首次出现的位置
int add0 = s.indexOf("are");          //4
//从第2个字符开始查找，返回字符'o'首次出现的位置
int add1 = s.indexOf('o',2);          //2
//从第5个字符开始查找，返回字符串"are"首次出现的位置
int add2 = s.indexOf("are",5);        //-1，找不到
```

（4）提取子串。

使用 substring()方法可以在字符串中提取指定范围的子串，语法格式如下：

字符串名称.substring(开始位置,结束位置);

其中，结束位置参数可以省略。如果省略，则表示提取从开始位置到字符串结束位置的所有字符生成一个新的字符串；否则提取指定范围（包含开始位置，不包含结束位置）的字符生成一个新的字符串。例如：

```
String s = "The shooting star swished a small arc across the sky.";
//提取从第27个字符开始的子串
String s1 = s.substring(26);          //a small arc across the sky.
//提取从第5个字符到第17个字符（不包含）的子串，生成新的字符串
String s2 = s.substring(4,16);        //shooting sta
//提取整个字符串
String s3 = s.substring(0,s.length());
```

### 3. 判断字符串

（1）contains()方法。

该方法用于判断字符串中是否包含指定的字符串，返回布尔值，语法格式如下：

字符串名称.contains(要查找的字符串);

（2）startsWith()方法和 endsWith()方法。

这两个方法分别用于判断字符串是否以指定的字符串开头和结尾，返回布尔值，语法格式如下：

字符串名称.startsWith(指定的字符串);
字符串名称.endsWith(指定的字符串);

例如，下面的代码用于判断字符串 s 是否以字符串 zc 开头，或者以字符串"you"结尾：

```
String s = "How are you";                    //源字符串
String zc = "Who";
boolean isstart = s.startsWith(zc);          //false
boolean isend = s.endsWith("you");           //true
```

（3）equals()方法。

该方法用于判断当前字符串是否与指定的字符串相同，返回布尔值，语法格式如下：

当前字符串名称.equals(指定的字符串);

> **注意**
>
> 只有当两个字符串的长度、内容及字母大小写都相同时，才表示两个字符串相同。不能使用关系运算符"=="比较两个字符串是否相同。

(4) equalsIgnoreCase()方法。

该方法忽略字符串内容的字母大小写来判断字符串内容是否相同,语法格式如下:

```
当前字符串名称.equalsIgnoreCase(指定的字符串);
```

例如,下面的代码用于判断字符串 s1 和 s2 是否相同:

```
String s1 = "hometown";              //当前字符串
String s2 = "HomeTown";              //要比较的字符串
boolean issame = s1.equalsIgnoreCase(s2);       //true
```

#### 4. 转换字符串

(1) 转换字母大小写。

toUpperCase()方法和 toLowerCase()方法分别用于将字符串中的所有字符转换为大写和小写并返回转换后的新字符串,语法格式如下:

```
当前字符串名称.toUpperCase();         //全部转换为大写
当前字符串名称.toLowerCase();         //全部转换为小写
```

(2) 将其他类型转换为字符串。

String 类提供了一个静态方法 valueOf(),用于将基本数据类型、对象类型或字符数组转换为字符串,语法格式如下:

```
String.valueOf(要转换的变量);
```

其中,要转换的变量可以是 int、long、float、char、double、boolean 等基本数据类型,也可以是对象类型或字符数组。当要转换的变量为字符数组时,可以指定要转换的字符范围,语法格式如下:

```
String.valueOf(char[] 数组名称,int offset,int count);
```

表示将字符数组中从第 offset+1 个元素开始的 count 个元素转换为字符串。例如:

```
int i = 120;
String str1 = String.valueOf(i);              //"120"
float j = 3.14F;
String str2 = String.valueOf(j);              //"3.14"
char m = 'M';
String str3 = String.valueOf(m);              //"M"
boolean n = true;
String str4 = String.valueOf(n);              //"true"
char[]words = {'P','a','r','t','y'};
String str5 = String.valueOf(words,1,3);      //"art"
```

(3) 将字符串转换为字符数组或字节数组。

如果要将字符串转换为字符数组或字节数组,则可以使用如下语法格式:

```
字符串名称.toCharArray();            //转换为字符数组
字符串名称.getBytes();               //转换为字节数组
```

例如:

```
String s = "one";
char[] arr_c = s.toCharArray();              //{'o','n','e'}
byte[] arr_b = s.getBytes();                 //{1,1,1,1,1,0,1,0,1}
```

(4) 将字符串转换为字符串数组。

这种操作其实就是将字符串按照指定的分隔符进行拆分,返回一个字符串数组,语法格式如下：

```
字符串名称.split(分隔符表达式);
```

例如，下面的代码用于将字符串 s 以逗号为分隔符拆分为一个字符串数组中的两个元素：

```java
String s = "Hello,nice to meet you";
String[] newarr= s.split(",");        //指定分隔符为逗号
    for (int i=0;i<newarr.length;i++) {
        System.out.println(newarr[i]);
    }
//输出字符串的各个元素
"Hello"
"nice to meet you"
```

### 5. 修改字符串内容

（1）替换字符序列。

利用 replace()方法可以替换字符串中指定的字符序列，返回一个新的字符串。如果在字符串中没有找到需要替换的字符序列，则返回原字符串。语法格式如下：

```
字符串名称.replace(要被替换的字符序列,替换后的字符序列);
```

例如，下面的代码将字符串 oldlist 中的字符序列"How"替换为"Who"：

```java
String oldlist = "How are you";
String newlist = oldlist.replace("How","Who"); //"Who are you"
```

（2）删除字符串两端的空格。

使用 trim()方法可以删除字符串首尾处的空格，语法格式如下：

```
字符串名称.trim();
```

## 案例——按类别统计商品库存

本案例将商品名称和对应的库存量以"名称（库存量）"的形式存储在一个字符串数组中，通过 String 类的一些方法统计各类商品的库存总量。

（1）新建一个 Java 项目，在项目中添加一个名为 Inventory 的类。

（2）在类中添加 main()方法，编写代码。具体代码如下：

```java
public class Inventory {
    public static void main(String[] args) {
        // 声明 String 类型的数组，用来存储不同类别的商品及对应的库存量
        String[] goods = { "冰箱A(25)", "冰箱B(10)", "洗衣机A(18)",
                  "热水器A(8)", "洗衣机B(11)", "空调A(4)" ,"空调B(6)"};
        // 使用数组统计各类商品的库存总量
        int[] sum = {0,0,0,0};
        // 遍历所有商品
        for (int i = 0; i < goods.length; i++) {
            //计算库存量的索引
            int start = goods[i].indexOf('(')+1;
            int end = goods[i].indexOf(')');
            String name = goods[i];             // 获取商品名称
            String s = goods[i].substring(start,end); //提取库存量,用一个字符串表示
```

```
            int num = Integer.parseInt(s);      //将字符串转换为 int 类型
            // 判断商品类别
            if (name.startsWith("冰箱")){
                sum[0]+=num;                    // 统计库存总量
            }else if (name.startsWith("洗衣机")){
                sum[1]+=num;
            }else if(name.startsWith("热水器")){
                sum[2]+=num;
            }
            else {
                sum[3]+=num;
            }
        }
        // 输出统计结果
        System.out.println("冰箱: " + sum[0]);
        System.out.println("洗衣机: " + sum[1]);
        System.out.println("热水器: " + sum[2]);
        System.out.println("空调: " + sum[3]);
    }
}
```

（3）运行程序，在 Console 窗格中可以看到各类商品的库存总量，如图 2-7 所示。

图 2-7  输出结果

## 三、正则表达式

在处理字符串时，经常会用到正则表达式（Regular Expression）。

正则表达式是一种用于模式匹配和替换的规则，是由普通字符（如字母 A～Z）及特殊字符（又称为元字符）组成的字符串匹配的模式，常被用于判断语句中，用来检查一个字符串是否含有某种子串，或是否满足某种格式。

正则表达式中的普通字符（例如所有的字母和数字）只能匹配与它们本身相同的字符；而元字符则被赋予了特殊的语义，不是用于描述它们本身的，而是能展现正则表达式的灵活性和强大的匹配功能。

正则表达式中常用的元字符如表 2-2 所示。

表 2-2  正则表达式中常用的元字符

| 元字符 | 正则表达式中的写法 | 说明 |
| --- | --- | --- |
| . | . | 匹配除\n 以外的任何字符。如果要表示点字符，则必须使用转义字符'\' |
| \b | \\b | 匹配单词的开头或结尾的位置 |
| \B | \\B | 匹配不是单词开头或结尾的位置 |
| \d | \\d | 匹配 0～9 的任意一个数字，等价于[0-9] |
| \D | \\D | 匹配一个非数字字符，等价于[^0-9] |
| ^ | \^ | 匹配行的开始 |
| $ | \$ | 匹配行的结束 |

续表

| 元字符 | 正则表达式中的写法 | 说明 |
|---|---|---|
| \p{Lower} | \\p{Lower} | 匹配小写字母 a~z，等价于[a-z] |
| \p{Upper} | \\p{Upper} | 匹配大写字母 A~Z，等价于[A-Z] |
| \p{ASCII} | \\p{ASCII} | 匹配 ASCII 字符 |
| \p{Alpha} | \\p{Alpha} | 匹配字母 |
| \p{Digit} | \\p{Digit} | 匹配十进制数，即 0~9 |
| \p{Alnum} | \\p{Alnum} | 匹配数字或字母 |
| \p{Punct} | \\p{Punct} | 匹配标点符号 |
| \p{Blank} | \\p{Blank} | 匹配空格或制表符 |
| \p{Cntrl} | \\p{Cntrl} | 匹配控制字符 |
| \p{Graph} | \\p{Graph} | 匹配可见字符 |
| \p{Print} | \\p{Print} | 匹配可打印字符 |
| \s | \\s | 匹配空白字符，如'\t'或'\n' |
| \S | \\S | 匹配非空白字符 |
| \w | \\w | 匹配可用作标识符的字符，但不包括'$' |
| \W | \\W | 匹配不可用作标识符的字符 |

如果要匹配指定字符中的任意一个字符，则可以在正则表达式中使用方括号将这些字符括起来，表示一个元字符，示例如下。

- [a-f]：匹配 a~f 中的任意一个字母。
- [a-zA-Z]：匹配任意一个字母。
- [^317]：匹配除 3、1、7 以外的任意字符。

此外，在[]中还可以进行并运算、交运算和差运算，示例如下。

- [a-d[H-K]]：并运算，匹配 a~d 或 H~K 中的任意字母。
- [a-d&&[c-k]]：交运算，匹配 a~d 和 c~k 中相同的字母，即 c 和 d。
- [a-d&&[^ac]]：差运算，匹配 a~d 中除 a 和 c 以外的字母，即 b 和 d。

在实际应用中，有时对指定元字符出现的次数有限制，例如，邮箱地址中只能有一个@。在这种情况下，就需要在正则表达式中使用限定修饰符，常用的限定修饰符如表 2-3 所示。

表 2-3 常用的限定修饰符

| 限定修饰符 | 说明 | 示例 |
|---|---|---|
| * | 出现 0 次或多次，等价于{0,} | T*，T 在字符串中出现 0 次或多次 |
| ? | 出现 0 次或 1 次，等价于{0,1} | T?，T 在字符串中出现 0 次或 1 次 |
| + | 至少出现 1 次，等价于{1,} | T+，T 在字符串中至少出现 1 次 |
| {n} | 只能出现 n 次，n 为非负整数 | T{2}，T 在字符串中只能出现 2 次 |
| {n,} | 至少出现 n 次，n 为非负整数 | T{1,}，T 在字符串中至少出现 1 次 |
| {n,m} | 出现 n~m 次，n 和 m 均为非负整数 | T{1,3}，T 在字符串中出现 1~3 次 |

在了解了正则表达式的语法后，就可以创建正则表达式并使用 String 类提供的 matches() 方法检查字符串是否匹配指定的正则表达式，该方法返回一个布尔值，语法格式如下：

字符串.matches(正则表达式)

## 案例——检查邮箱地址是否合法

本案例使用正则表达式对在 Console 窗格中输入的邮箱地址进行匹配，检查邮箱地址是否合法。

（1）在 Eclipse 中新建一个 Java 项目 RegularExpression，在项目中添加一个名为 REDemo 的类并引入 java.util.Scanner 类。

（2）在类中添加 main()方法，并编写代码。具体代码如下：

```java
import java.util.Scanner;

public class REDemo {
    public static void main(String[] args) {
        //创建扫描器，获取 Console 窗格中输入的值
        Scanner sc = new Scanner(System.in);
        String email;              //声明邮箱地址字符串
        //定义匹配邮箱地址的正则表达式
        String regex = "\\w+@\\w+(\\.\\w{2,3})*\\.\\w{2,3}";
        //当输入的邮箱地址不合法时，要求用户重新输入
        do{
            System.out.println("请输入邮箱地址:");   //输出提示信息
            email=sc.next();                        //获取输入的字符串
        }while(!email.matches(regex));
        //若输入的邮箱地址合法，则输出提示信息
        System.out.println("输入的邮箱地址合法!");
        sc.close();        //关闭扫描器
    }
}
```

通常一个合法的邮箱地址格式为"×@×.com"，×表示一个或多个字符；@是邮箱地址的特有符号，并且只能出现一次，不能位于开头或结尾；邮箱后缀通常为.edu、.com、.cn 等中的一个或多个。由此可定义正则表达式 regex，表示在符号@前、后可以是标识符中的任意字符，并且可以出现 1 次或多次；邮箱地址的后缀是以"."开始、后跟 2~3 个标识符的字符组合，这个组合至少出现 1 次。

（3）运行程序，在 Console 窗格中输入字符串。如果用户输入的字符串不能匹配正则表达式，则输出提示信息，要求重新输入；否则输出"输入的邮箱地址合法!"，如图 2-8 所示。

图 2-8　输出结果

## 四、创建 StringBuffer 对象

前面介绍的 String 对象的字符序列是不可被修改的，如果希望存放字符序列的内存空间可以随字符的多少自动改变大小，则可以使用 StringBuffer 对象。

StringBuffer 类是一个类似于 String 类的字符序列，可以存储任意类型的数据，并且支持对字符串内容进行修改，长度可变，是线程安全的，通常用于在多线程操作字符序列的情况下操作大量数据。

与 String 对象不同，StringBuffer 对象不能使用双引号赋值方式创建，应该使用关键字 new 创建，语法格式如下：

```
//构造一个不包含字符的字符序列，初始容量为 16 个字符
StringBuffer sbf = new StringBuffer();
//构造一个初始容量为 32 个字符的字符序列
StringBuffer sbf = new StringBuffer(32);
//构造一个初始值为"smile"的字符序列
StringBuffer sbf = new StringBuffer("smile");
```

## 五、StringBuffer 类的常用方法

StringBuffer 类不仅提供了一些与 String 类相同的方法，还具备一些特有的方法用于操作字符序列，如添加、删除、修改、反转等。

### 1. 添加数据

在字符序列中添加数据有两个方法——append()和 insert()，语法格式如下：

```
StringBuffer 对象名称.append(任意数据类型的对象);
StringBuffer 对象名称.insert(插入位置的索引,要插入的字符串);
```

append()方法用于将任意数据类型的参数转换为字符串并追加到字符序列末尾。insert()方法用于将字符串插入指定的索引位置。例如：

```
//构造一个初始值为"Here!"的字符序列
StringBuffer sbf = new StringBuffer("Here!");
//追加字符串
sbf.append("Cheers!");         //Here!Cheers!
//在第 6 个字符位置插入字符串
sbf.insert(5, "Oops!");        //Here!Oops!Cheers!
```

### 2. 删除数据

在字符序列中删除数据也有两个方法——delete()和 deleteCharAt()，语法格式如下：

```
StringBuffer 对象名称.delete(起始索引,结束索引);
StringBuffer 对象名称.deleteCharAt(位置索引);
```

delete()方法用于删除从起始索引到结束索引范围内的字符。deleteCharAt()方法用于删除指定位置的字符。例如：

```
//构造一个指定初始值的字符序列
StringBuffer sbf = new StringBuffer("You're so nice.");
//删除第 8~10 个字符
sbf.delete(7,10);              //"You're nice."
//删除第 4 个字符
sbf.deleteCharAt(3);           //"Youre nice."
```

### 提示

在使用 delete()方法删除字符时，包含起始索引的字符，但不包含结束索引的字符。因此，如果要清空缓冲区，可以将起始索引设置为 0，结束索引设置为缓冲区的长度，如 sbf.delete(0,sbf.length())。

### 3. 修改数据

修改数据常用的操作包括替换指定范围内的字符、将原字符串设置为指定长度，相应的语法格式如下：

```
StringBuffer 对象名称.replace(start,end,string);
StringBuffer 对象名称.setCharAt(index,ch);
StringBuffer 对象名称.setLength(len);
```

replace()方法用于将索引从 start 到 end-1 的字符替换成指定的字符串；setCharAt()方法用于将索引 index 处的字符替换为指定字符 ch；setLength()方法用于将字符串长度修改为指定长度 len。例如：

```
//构造一个指定初始值的字符序列
StringBuffer sbf = new StringBuffer("butterfly");
//替换第 4～6 个字符
sbf.replace(3,6,"***");      //"but***fly"
//将第 2 个字符替换为*号
sbf.setCharAt(1,'*');        //"b*t***fly"
//将字符串长度修改为 3
sbf.setLength(3);            //"b*t"
```

> **提示**
>
> 在修改字符串长度时，如果指定的新长度小于当前字符串的长度，则截断字符串；如果指定的新长度大于当前字符串的长度，则使用空字符（\u0000）进行填充；如果指定的新长度为负数，则抛出异常。

### 4. 反转字符串

使用 reverse()方法可以反转字符串，语法格式如下：

```
StringBuffer 对象名称.reverse();
```

例如：

```
//构造一个指定初始值的字符序列
StringBuffer sbf = new StringBuffer("春和景明");
//反转字符串
sbf.reverse();               //"明景和春"
```

### ● 案例——调整员工花名册

某公司按员工编号编排花名册，最近有员工离职，也有新员工入职。为了保持其他员工编号不变，将新入职员工的编号添加到离职员工的位置。本案例使用 StringBuffer 类的相关方法调整员工花名册。

（1）新建一个 Java 项目，在项目中添加一个名为 EmployeeList 的类。
（2）在类中添加 main()方法，编写代码。具体代码如下：

```java
import java.util.Scanner;
public class EmployeeList {
    public static void main(String[] args) {
        // 利用 String 类型的变量 names 存储原始的花名册
        String names = "Tom、John、Alice、Martin、Lotus";
        System.out.println("员工花名册：\n"+names);
```

```java
        StringBuffer sbf = new StringBuffer(names);   // 创建一个可变的字符序列
        Scanner sc = new Scanner(System.in);          // 创建扫描器
        System.out.println("请输入离职员工姓名: ");
        String name = sc.next();                      // 接收 Console 窗格中输入的员工姓名
        //返回该名称在可变字符序列中的索引
        int start = sbf.indexOf(name);
        //判断输入的员工姓名是否在花名册中
        if (names.contains(name)) {
            //如果在花名册中，则先判断是否为最后一个名字，再删除指定的名字和内容
            if (sbf.length() < start + name.length() + 1) {
                //如果是最后一个名字，则删除名字和之前的顿号"、"
                sbf.delete(start - 1, start + name.length());
            } else {
                //如果不是最后一个名字，则删除名字和之后的顿号"、"
                sbf.delete(start, start + name.length() + 1);
            }
            System.out.println("公司目前在职员工花名册: \n" + sbf + "\n");
        } else {
            //如果不在花名册中，则输出错误信息
            System.out.println("输入的员工姓名有误! ");
        }
        //获取新入职的员工姓名
        System.out.println("请输入新入职的员工姓名: ");
        String newName = sc.next();
        //判断离职员工是否为原花名册中的最后一个
        if ((start+name.length()-1)<names.length()-1) {
            //如果不是最后一个，则在删除的位置插入名字和顿号"、"
            sbf.insert(start, newName+"、");
        }else {
            //如果是最后一个，则在删除的位置添加顿号"、"和名字
            sbf.insert(start-1,"、"+newName);
        }
            //输出员工花名册
            System.out.println("公司目前在职员工花名册: \n" + sbf + "\n");
        sc.close();                                   //关闭扫描器
    }
}
```

（3）运行程序，根据提示在 Console 窗格中分别输入离职员工姓名和新入职员工姓名，即可输出调整后的员工花名册，如图 2-9 和图 2-10 所示。

图 2-9　离职的员工不是原花名册中的最后一个　　图 2-10　离职的员工是原花名册中的最后一个

## 项目总结

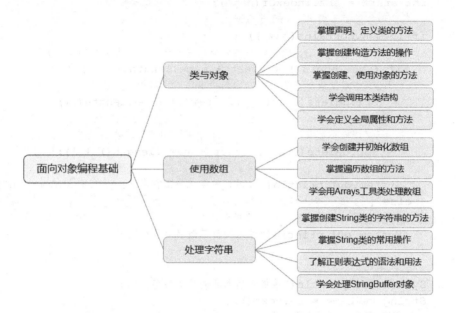

## 项目实战

本项目实战将按照面向对象编程思想修改项目一的 Entrance.java 文件，在类中添加 4 个成员方法，通过对数组和字符串的操作分别实现商品入库、商品出库、修改商品信息及查找商品的功能。

（1）在 Eclipse 中复制项目一完成的项目"进销存管理系统 V1.0"并进行粘贴。在 Copy Project 对话框中将项目名称修改为"进销存管理系统 V2.0"。

（2）在 Entrance 类中定义成员变量和成员方法。具体代码如下：

```java
package ui;
import java.util.Scanner;
public class Entrance {
    private static final int MAXNUM = 200;    //最大容量
    private int productNum=0;                  //商品名称序号
    private int amount=0;                      //商品数量序号
    private String[] products = new String[MAXNUM];   //商品名称列表
    private int[] numList = new int[MAXNUM];    //商品数量列表
    final static Scanner sc = new Scanner(System.in);
    //商品入库
    public void inBound() {
        System.out.println("------进货单------");
```

```java
            System.out.println("请输入商品名称: ");
            String pro_name=sc.nextLine();
            products[productNum++]=pro_name;  //商品名称入库
            System.out.println("请输入商品数量: ");
            //将输入的字符串转换为int类型
            int pro_num=Integer.parseInt(sc.nextLine());
            numList[amount++]=pro_num;      //商品数量入库
            System.out.println("商品入库完成! ");
    }
    //商品出库
    public void outBound() {
        System.out.println("------出货单------");
        System.out.println("请输入出货商品名称: ");
        String pro_name=sc.nextLine();
        System.out.println("请输入出货数量: ");
        int pro_num=Integer.parseInt(sc.nextLine());
        //遍历数组查找商品
        for(int i=0;i<productNum;i++) {
            if(products[i].equals(pro_name)) {
                //如果出货数量大于或等于库存量，则输出提示信息并将所有库存出库，删除对应的记录
                if(pro_num>=numList[i]) {
                    System.out.println("出货数量超出库存量,只能出库"+numList[i]);
                    products[i]=products[i+1];
                    numList[i]=numList[i+1];
                }else {          //如果出货数量小于库存量，则修改出库后的库存量
                    numList[i]=numList[i]-pro_num;
                }
            }
        }
        System.out.println("商品出库完成! ");
    }
    //修改商品信息
    public void changeInfo() {
        System.out.println("------修改商品信息------");
        System.out.println("修改商品名称请输入: 1");
        System.out.println("修改商品数量请输入: 2");
        int choice = Integer.parseInt(sc.nextLine());
        //修改商品名称
        if(choice==1) {
            System.out.println("请输入要修改的原商品名称: ");
            String pro_name=sc.nextLine();
            System.out.println("请输入新的商品名称: ");
            String new_name=sc.nextLine();
            //如果要修改名称的商品存在,则修改商品名称
            for(int i=0;i<productNum;i++)
                if(products[i].equals(pro_name)) {
                    products[i]=new_name;
                    System.out.println("商品信息修改完成! ");
```

```java
            }
        }else if(choice==2) {            //修改库存量
            System.out.println("请输入要修改数量的商品名称: ");
            String pro_name=sc.nextLine();
            System.out.println("请输入新的商品数量: ");
            int new_num=Integer.parseInt(sc.nextLine());
            for(int i=0;i<productNum;i++)
                if(products[i].equals(pro_name)) {
                    numList[i]=new_num;
                    System.out.println("商品信息修改完成! ");
                }
        }else {            //如果输入的数字不是1或2,则输出提示信息
            System.out.println("输入的数字不在有效范围内! ");
        }
    }
    //查找商品
    public void searchProduct() {
        System.out.println("------查找商品------");
        System.out.println("请输入要查找的商品名称: ");
        String pro_name=sc.nextLine();
        int i;        //循环变量
        //遍历数组,如果要查找的商品存在,则输出商品名称及库存量
        for(i=0;i<productNum;i++) {
            if(products[i].equals(pro_name)) {
                System.out.print("查找结果: ");
                System.out.println("商品名称: "+products[i]+"\t 数量: "+numList[i]);
                break;
            }
        }
        //如果要查找的商品不存在,则输出提示信息
        if(i==productNum)
            System.out.println("您查找的商品不存在! ");
    }
}
```

（3）在类中定义构造方法，创建管理系统的主界面，通过调用成员方法实现相应的功能。具体代码如下：

```java
    public Entrance() {
        while(true) {
            //管理系统的主界面
            System.out.println("======进销存管理系统======");
            System.out.println("\0 商品入库请输入: 1");
            System.out.println("\0 商品出库请输入: 2");
            System.out.println("\0 修改商品信息请输入: 3");
            System.out.println("\0 查找商品请输入: 4");
            System.out.println("请输入您的选择: ");
            //将输入的字符串转换为int类型
```

```java
        int choice = Integer.parseInt(sc.nextLine());
        //匹配输入的数字，调用不同的方法执行相应的功能
        switch(choice) {
        case 1:
            inBound();
            break;       //方法执行完成，退回主界面
        case 2:
            outBound();
            break;
        case 3:
            changeInfo();
            break;
        case 4:
            searchProduct();
            break;
        //如果输入的数字不是1~4的整数，则输出提示信息，返回主界面
        default:
            System.out.println("您选择的功能暂时不提供! ");
            break;
        }
    }
}
```

（4）定义 main()方法，在方法体中实例化 Entrance 类对象。具体代码如下：

```java
public static void main(String[] args) {
    new Entrance();         //实例化 Entrance 类对象
}
```

（5）运行程序，在 Console 窗格中生成管理系统的主界面，根据提示输入数字，选择功能，然后根据提示输入商品名称或商品数量，即可实现简单的进销存功能。如图 2-11 所示为在进销存管理系统中首先入库一种商品，然后出库、查询、修改商品名称，最后查询修改后的商品信息。

图 2-11　输出结果

# 项目三

# 面向对象编程核心技术

## 思政目标

- 主动拓宽视野，把握事物的共性，着眼于事物之间的关系
- 继承优秀传统文化并创新，多形态呈现正能量人文精神

## 技能目标

- 能够使用继承类和重写方法实现对象多样化
- 能够使用方法重载和对象向上转型实现多态
- 能够使用抽象类、接口和内部类实现多重继承

## 项目导读

面向对象编程有三大基本特性：封装、继承和多态。封装的载体是类，用于封装功能代码实现的细节，能提高代码的安全性和复用性。继承和多态是很抽象的概念，需要读者有宽广的视野，能站在对象共性的高度，把握不同对象之间的细节和相互关系，从而构建高效的、具有良好扩展性和维护性的程序架构。本项目主要介绍继承和多态在 Java 程序中的实现方法，以及抽象类、接口和内部类在面向对象编程中的应用。

## 任务一  继承与多态

### 任务引入

通过学习项目二，小白了解了面向对象编程的一些基本概念和操作方法，要想编写出面向对象的程序代码，还需要掌握继承和多态的实现方法。在 Java 中，实现类的继承和多态有哪些常用方法呢？

### 知识准备

继承是一种基于已有的类创建新类的机制。利用继承，可以先定义一个共有属性的一般类，称为父类或超类，根据一般类再定义具有特殊属性的新类，称为子类或派生类。

多态是指同一个行为具有多种不同表现形式。简单来说，就是"对外有一种定义，内部有多种实现"。Java 中的多态有两种意义：操作名称的多态（多个操作具有相同的名字）和基于继承实现的多态（不同类型对象调用同一操作产生不同行为）。实现多态有 3 个必要条件：继承、重载和向上转型。

### 一、实现继承

子类可以继承父类原有的属性和方法，也可以增加自己特有的属性和方法。例如，正方形是一种特殊的四边形，正方形类继承了四边形类的所有属性和方法（例如 4 条边、4 个角），还增加了一些正方形类特有的属性和方法（例如 4 条边相等，4 个角都为直角）。

在类的声明中，使用关键字 extends 声明一个类继承另一个类，即定义一个子类，语法格式如下：

```
子类名称 extends 父类名称
```

例如，下面的语句表示正方形类 Square（子类）继承四边形类 Quadrangle（父类）：

```
public class Square extends Quadrangle{
    // 类体
}
```

一个类可以有多个子类，子类又可以作为父类派生其他子类。Java 的类按继承关系形成树状结构，根节点是 java.lang.Object 类。也就是说，Java 的所有类都直接或间接继承自 Object 类。如果一个类（除 Object 类外）的声明中没有使用关键字 extends，那么这个类会被系统默认为隐式继承了 Object 类。

> **注意**
>
> Java 仅支持单继承，即一个类只可以有一个直接的父类。

## 二、方法重写

在一般情况下，父类的成员会被子类继承，子类对象在调用继承的方法时，调用的是父类的实现。如果需要对继承的方法进行不同的实现，则要重写父类的成员方法。

重写（Override）也称为覆盖，是指在子类中定义一个方法，该方法的名称和参数列表与父类的成员方法相同，但修改或重新编写了实现内容、返回值类型或访问权限修饰符。也就是说，在Java中重写方法必须满足以下两个条件：

- 子类方法名称和父类方法名称相同。
- 子类方法的参数类型、个数、顺序与父类的成员方法完全相同。

> **注意**
>
> 重写父类成员方法的返回值类型是基于Java SE 5.0版本以上的编译器的新功能。在重写父类的成员方法时，不能降低方法的访问权限，即只能从低权限向高权限改变。例如，访问权限从高到低为public、protected、private，可以将protected修改为public，但不能修改为private。

如果子类与父类的成员方法名称、参数类型和个数、返回值类型都相同，唯一不同的是方法的实现内容，则这种重写方式被称为重构。

### 案例——描述不同交通工具的速度

本案例通过继承类与重写方法，描述不同交通工具的速度。

（1）新建一个Java项目OverrideDemo，在项目中添加一个交通工具类Vehicle。在类中定义一个成员方法，用于描述交通工具的速度。具体代码如下：

```java
public class Vehicle {
    public void moveSpeed() {
        System.out.println("交通工具都可以移动，速度各不相同");
    }
}
```

（2）在项目中添加一个火车类Train，继承类Vehicle，通过修改方法的实现，重写父类的moveSpeed()方法，输出火车的平均速度。具体代码如下：

```java
public class Train extends Vehicle{
    public void moveSpeed() {         //重写moveSpeed()方法
        System.out.println("高铁平均速度达330km/h\n动车平均速度达215km/h");
    }
}
```

（3）在项目中添加一个飞机类Plane，继承类Vehicle，通过修改方法的实现，重写父类的moveSpeed()方法，输出飞机的平均速度。具体代码如下：

```java
public class Plane extends Vehicle{
    public void moveSpeed() {    //重写moveSpeed()方法
        System.out.println("民航客机的平均速度一般为900km/h\n"
            + "波音737巡航速度能达到918km/h\n"
            + "波音747巡航速度最快可以达到0.98马赫，约为1200km/h");
```

            }
        }

（4）在项目中添加一个新的类 Speed，在类中定义 main()方法，输出不同交通工具的平均速度。具体代码如下：

```
public class Speed {
    public static void main(String[] args){
        //创建 Vehicle 类型的数组
        Vehicle vehicle[] = {new Vehicle(), new Train(), new Plane()};
        //遍历数组
        for (int i = 0; i < vehicle.length; i++){
            vehicle[i].moveSpeed();              //调用相应的moveSpeed()方法
        }
    }
}
```

（5）运行 Speed.java，在 Console 窗格中可以看到输出结果，如图 3-1 所示。

图 3-1  输出结果

## 三、操作隐藏的父类成员

在编写子类时，可以声明子类独有的成员变量和成员方法。

如果子类声明的成员变量与从父类继承的成员变量同名，或者在子类的方法中定义了与父类成员变量同名的局部变量，子类就会隐藏所继承的父类成员变量。

如果子类重构了父类的成员方法，即子类有与父类方法同名的方法（相同的方法名、参数列表和返回值类型），则在子类范围内，父类方法被隐藏。

在这种情况下，如果要在子类中调用父类的成员变量或成员方法，则需要使用关键字 super。

关键字 super 有两个功能：调用父类的成员变量和成员方法；调用父类的构造方法。语法格式如下。

- super.变量名：调用父类的成员变量。
- super.方法名(参数列表)：调用父类的成员方法。
- super(参数列表)：调用父类的有参构造方法。如果没有参数，则调用父类的无参构造方法，此时该语句可以省略。

### ● 案例——蝴蝶与动物的关系

本案例通过重写父类的成员方法并使用关键字 super 调用父类的构造方法、成员变量和成员方法，演示关键字 super 的使用方法。

（1）新建一个名为 SuperDemo 的项目，在项目中添加一个名为 Animal 的类，定义类成员，具体代码如下：

```java
public class Animal {
    private String name;                // 私有属性，动物名称
    int eyes=2;                         // 默认属性，眼睛数量
    public Animal (String name){        // 有参构造方法
        this.name = name;
    }
    public Animal (){}                  // 无参构造方法
    public String getName() {           // 提供访问私有属性的方法
        return name;
    }
    public void setName(String name) {  // 提供修改私有属性的方法
        this.name = name;
    }
    public void move(){                 // 成员方法
        System.out.println(name+"有"+eyes+"只眼睛，会动");
    }
}
```

（2）在项目中添加一个继承 Animal 类的子类 Butterfly，定义子类特有的属性，调用父类构造方法，重写 move()方法并定义子类特有的成员方法，具体代码如下：

```java
public class Butterfly extends Animal{
    private int swings;                 //子类特有属性
    // 在子类的方法中定义与父类成员变量同名的局部变量 name
    public Butterfly (String name){
        super(name);                    //调用父类的构造方法形成子类的构造方法
    }
    public void move(){                 // 重写 move()方法
    // 子类对象不能直接使用父类的私有属性 name，只能通过 setter 和 getter 方法访问
        System.out.println(getName()+"会飞");
    }
    public void info(){
        //引用父类的成员变量
        System.out.println(getName()+"有"+ super.eyes+"只眼睛"+getSwings()+"对翅膀");
        super.move();                   //调用父类的成员方法 move()
        move();                         //调用子类重写的成员方法 move()
    }
    public int getSwings() {// 提供访问私有属性的方法
        return swings;
    }
    public void setSwings(int swings) { // 提供修改私有属性的方法
        this.swings = swings;
    }
}
```

> 🔍 注意
>
> 在子类中调用父类的构造方法形成子类的构造方法时，关键字 super 必须写在构造方法的第 1 行，以保证首先调用父类的构造方法。

（3）在项目中添加一个类 Test，用于测试程序效果，具体代码如下：

```
public class Test {
    public static void main(String[] args) {
        Animal a = new Animal("蚂蚁");        //实例化父类对象
        a.move();
        Butterfly b = new Butterfly("蝴蝶"); //实例化子类对象
        b.setSwings(3);
        b.info();
    }
}
```

（4）运行 Test.java，在 Console 窗格中可以看到输出结果，如图 3-2 所示。

从输出结果中可以看到，Butterfly 类继承了 Animal 类之后，其对象 b 有了父类的 name 属性和 eyes 属性。事实上，在创建 Butterfly 类的对象 b 时，首先会执行 super(name);语句，在该对象的内存空间中存放 Animal 类的 name 属性和 eyes 属性，然后存放 Butterfly 类的 swings 属性，二者合起来才构成对象 b。

图 3-2　输出结果

## 四、使用 final 关键字

在某些情况下，出于安全考虑，通常不希望类中的方法被重写或修改，这时可以使用关键字 final 进行声明。

关键字 final 表示不可改变，不仅可修饰类，还可修饰类的成员方法和成员变量。语法格式如下：

（1）修饰类。

```
final class 类名{…}              //表示该类不能被其他类继承
```

（2）修饰类的成员方法。

```
final 返回值类型 方法名称(参数列表){…}  //表示该方法不能被重写
```

（3）修饰类的成员变量。

在修饰类的成员变量时，与继承无关，而是表示定义一个常量。

```
final 数据类型 常量名 = 值;
```

如果在程序中试图修改由关键字 final 修饰的类或类成员，则会产生编译错误。

## 五、使用方法重载实现多态

方法重载（Overload）是面向对象编程的多态特性的一种表现形式，具体是指在同一个类中定义多个名字相同但参数不同的方法。同一个方法名是对外的统一接口，参数列表不同导致内部实现也不同。在 Java 中，重载方法必须满足以下条件：

- 方法名相同,包括字母大小写。
- 方法的参数列表必须不同,可以是参数的类型、个数或顺序不同。
- 方法的返回值类型、修饰符可以相同,也可以不同。

> **注意**
>
> "方法重载"与"方法重写"从字面上看很相似,但意义大不相同。除参数列表的要求不一样以外,方法重载可用于同一个类的所有方法,并且一个方法在所在的类中可以被重载多次;但方法重写只能用于继承自父类的方法,并且该方法只能被子类重写一次。

被重载的方法可以是构造方法,也可以是其他成员方法。编译器将参数列表的不同作为重载的判定依据,确定具体调用哪个被重载的方法。

值得一提的是,在重载构造方法时,在构造方法的第 1 句中可以使用关键字 this 调用本类的其他构造方法,语法格式如下:

```
this(参数列表)
```

## 案例——查看联系人信息

本案例通过重载构造方法,根据联系人信息的完整程度输出相应的联系人信息。

(1)新建一个 Java 项目,在项目中添加一个名为 ContactInfo 的类并定义类成员,具体代码如下:

```java
public class ContactInfo {
    // 定义成员变量
    private String name;
    private String tel;
    private String email;
    // 定义参数个数不同的 3 个构造方法
    public ContactInfo(String name) {
        this.name = name;
    }
    public ContactInfo(String name,String tel) {
        this(name);
        this.tel = tel;
    }
    public ContactInfo(String name,String tel,String email) {
        this(name,tel);
        this.email = email;
    }
    // 定义 getter 方法和 setter 方法
    public String getName() {
        return name;
    }
    public void setName(String name) {
        this.name = name;
    }
    public String getTel() {
```

```
            return tel;
        }
        public void setTel(String tel) {
            this.tel = tel;
        }
        public String getEmail() {
            return email;
        }
        public void setEmail(String email) {
            this.email = email;
        }
        public static void main(String[] args)
        {
            ContactInfo no_1 = new ContactInfo("Candy");  // 创建对象no_1
            // 调用getter方法输出信息
            System.out.println("只有姓名的联系人: "+no_1.getName());
            // 创建对象no_2
            ContactInfo no_2 = new ContactInfo("Lucy","13012345678");
            System.out.println("有姓名和电话的联系人: "+no_2.getName()+
                "\t"+no_2.getTel());
            // 创建对象no_3
            ContactInfo no_3 = new ContactInfo("Tommy","13123456742",
"Tommy@123.com");
            System.out.println("有姓名、电话和邮箱地址的联系人:"+no_3.getName()+
                "\t"+no_3.getTel()+"\t"+no_3.getEmail() );
        }
}
```

（2）运行程序，在 Console 窗格中可以看到输出结果，如图 3-3 所示。

图 3-3　输出结果

## 六、对象向上转型

如果一个类有很多子类，并且这些子类都重写了父类中的某个方法，当把子类创建的对象的引用放到一个父类的对象中时，就得到了该对象的一个向上转型对象。由于不同的子类在重写父类的方法时可能产生不同的行为，因此向上转型对象在调用这个方法时就具有多种形态。

对象向上转型的目的是使父类可以调用子类重写的父类的方法，而父类并不能调用子类中独有的属性和方法，即子类会失去其特有的属性和功能。由于向上转型是从一个较具体的类转换到较抽象的类，因此是安全的，程序会自动完成。

例如，直升机类（Helicopter）继承飞机类（Plane），可以将直升机类（子类）看作一个飞机类（父类）对象，使用程序语言表示就是：

```
// 将直升机类（子类）对象赋给飞机类（父类）对象
Plane pobj = new Helicopter();
```

在 Java 中，还可以将向上转型对象强制转换为子类对象，这种转型称为"向下转型"，此时子类对象具备子类所有的属性和方法。

> **注意**
>
> 不能直接将父类创建的对象的引用赋给子类声明的对象。如果子类重写了父类的静态方法，则子类对象的向上转型对象只能调用父类的静态方法。

例如，下面的代码将父类对象 pobj 向下转型，赋给子类对象 hobj：

```
//向上转型，将直升机类（子类）对象赋给飞机类（父类）对象
Plane pobj = new Helicopter();
//向下转型，将飞机类（父类）对象强制转换为直升机类（子类）并赋给直升机类（子类）对象
Helicopter hobj = (Helicopter) pobj;
```

由于上述第 1 行代码经过向上转型后，父类对象 pobj 指向一个子类对象，因此接下来可以使用类型强制转换，将该父类对象向下转型为子类对象。

### ● 案例——描述植物的开花时节

本案例通过对象向上转型描述不同植物的开花时节，演示使用对象向上转型简化代码、体现多态性的方法。

（1）新建一个 Java 项目，在项目中添加一个名为 Plant 的类并定义类成员。具体代码如下：

```java
//创建一个 Plant 类，作为其他植物的父类
public class Plant {
    private String name;                    //植物名称
    public String getName(){                //获取植物名称
        return name;
    }
    public void setName(String name){       //设置植物名称
        this.name = name;
    }
    public void Bloom(){                    //创建 Bloom()方法
        System.out.println("不同植物开花时节相同吗？");  //在 Console 窗格中输出
    }
}
```

（2）在项目中添加 4 个类，继承 Plant 类并重写 Bloom()方法，用于描述 4 种不同植物的开花时节。具体代码如下：

```java
// PeachBlossom 类
public class PeachBlossom extends Plant{
    public void Bloom(){    //重写 Bloom()方法
        System.out.println("blossoms in spring.");
    }
}
// Lotus 类
public class Lotus extends Plant{
```

```java
        public void Bloom(){ //重写Bloom()方法
            System.out.println("blossoms in summer.");
        }
    }
    // Chrysanthemum 类
    public class Chrysanthemum extends Plant{
        public void Bloom(){ //重写Bloom()方法
            System.out.println("blossoms in autumn.");
        }
    }
    // Plum 类
    public class Plum extends Plant{
        public void Bloom(){ //重写Bloom()方法
            System.out.println("blossoms in winter.");
        }
    }
```

（3）在项目中添加一个名为 PlantInfo.java 的文件，使用向上转型，描述 4 种不同植物的开花时节，使用向下转型，描述一种新植物的开花时节。具体代码如下：

```java
    public class PlantInfo {
        public static void main(String[] args) {
            //向上转型，把子类对象赋给一个父类数组
            Plant[] plants = new Plant[]{new PeachBlossom(), new Lotus(), new Chrysanthemum(), new Plum()};
            //调用父类中的setName()方法，设置植物名称
            plants[0].setName("Peach Blossom");
            System.out.print(plants[0].getName() + ": ");
            //父类对象调用子类对象中重写的Bloom()方法
            plants[0].Bloom();
            plants[1].setName("Lotus");
            System.out.print(plants[1].getName() + ": ");
            plants[1].Bloom();
            plants[2].setName("Chrysanthemum");
            System.out.print(plants[2].getName() + ": ");
            plants[2].Bloom();
            plants[3].setName("Plum Blossom");
            System.out.print(plants[3].getName() + ": ");
            plants[3].Bloom();
            //向上转型，将子类对象Lotus赋给父类对象pobj
            Plant pobj = new Lotus();
            //向下转型，将父类对象pobj强制转换为Lotus类，赋给Lotus类对象
            Lotus lobj = (Lotus) pobj;
            System.out.print("A New Plant: ");
            lobj.Bloom();            // 调用Lotus类的成员方法
        }
    }
```

（4）运行文件 PlantInfo.java，在 Console 窗格中可以看到输出结果，如图 3-4 所示。

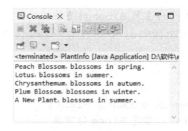

图 3-4　输出结果

## 任务二　抽象类与接口

### 任务引入

通过学习任务一，小白了解了继承和多态的原理和实现方法，但他并没有浅尝辄止。勤于思考的他想到了一个很实际的问题，如果类的继承关系链较长，具体的子类容易定义，最初的父类要包含所有子类的共性，又该如何定义呢？

Java 只支持单向继承，如果有的子类需要继承多个父类的方法，这个问题又该如何解决呢？

### 知识准备

在继承关系中，父类应包含所有子类的共性。如果类的继承关系链较长，则子类会越来越具体，反之，位于顶层的父类会越抽象、通用，有的甚至没有具体的实现方法，以至于不能生成具体的实例。在 Java 中，这种不能描述一个具体的对象的类被称为抽象类，如植物类。

### 一、抽象类与抽象方法

Java 使用关键字 abstract 修饰抽象类。抽象类在继承体系中常位于顶层，不能被实例化。在抽象类中使用关键字 abstract 修饰的方法称为抽象方法。语法格式如下：

```
[访问权限修饰符] abstract class 类名{
    ……
    // 定义抽象方法
    [访问权限修饰符] abstract 返回值类型 方法名(参数列表);
    // 定义具体方法
    [访问权限修饰符] 返回值类型 方法名(参数列表){
        //方法体
        ……
    }
}
```

抽象类中可以包含成员变量、构造方法、抽象方法和具体方法中的全部项或部分项。

读者需要注意的是，抽象方法在方法头结尾处直接以分号结束，没有方法体，也没有定义方法体的一对花括号{}。通常用于描述方法具有的功能，而不提供具体功能的实现。而对于具体方法来说，即使方法体为空，花括号{}也不能省略。

> **注意**
>
> 不能将构造方法定义为抽象方法，也不能将用关键字 static 修饰的方法定义为抽象方法。

由于抽象方法不定义具体功能的实现，因此如果要实现相应的功能，应通过被子类继承、重写来实现。包含抽象方法的类必须被定义为抽象类，否则在编译时会报错。事实上，抽象类存在的意义就是被继承，抽象方法存在的意义就是被重写，而且必须在子类中被重写，否则子类也应被定义为抽象类。

## 二、声明与实现接口

如果一个抽象类中的所有方法都是抽象方法，就可以使用接口来定义这个类。接口是一系列抽象方法的声明集合，是一个完全抽象的类，没有方法的实现，具体实现由实现接口的类确定。因此这些方法可以在不同的地方被不同的类实现，从而表现出不同的行为（功能）。

Java 使用关键字 interface 声明接口，语法格式如下：

```
[public] interface 接口名称 [extends 父接口名列表]{
    //接口体
}
```

接口的访问权限可选值为 public，如果被省略，则使用默认的访问权限。

接口体中可以定义成员变量和成员方法，由于变量默认均为 public static final 类型，即静态常量，因此必须显式地对其进行初始化。接口中的方法默认都是 public abstract 类型的抽象方法。由于接口没有构造方法，因此不能创建接口的对象。

接口是建立类与类之间的协议的一种形式，没有具体实现，在使用前需要先定义一个类，使用关键字 implements 表明该类实现某个或某些接口，语法格式如下：

```
class 类名 implements 接口名{
    //各个抽象方法的具体实现
}
```

实现接口的类必须重写接口中的所有抽象方法，如果使用抽象类实现接口，则实现接口中的部分方法即可。

类实现接口实质上是一种继承，一个类可以实现多个接口，从而能实现多重继承，语法格式如下：

```
class 类名 implements 接口1, 接口2,…,接口n{
    //各个接口所有抽象方法的具体实现
}
```

在实际应用中，推荐配合使用继承和接口实现多重继承，此时，关键字 extends 必须位于关键字 implements 之前，例如：

```java
public class MyActionListener extends JFrame implements ActionListener{
    ......
}
```

## 案例——计算形状的周长和面积

本案例声明一个接口，定义计算形状的周长和面积的抽象方法并定义两个类来实现该接口，分别输出圆形和三角形的周长和面积。

（1）在 Eclipse 中新建一个名为 InterfaceDemo 的 Java 项目。首先在项目中添加一个名为 Shape 的接口，然后在接口中定义静态常量和两个抽象方法。具体代码如下：

```java
public interface Shape {
    public static final double PI = 3.14;   // 定义静态常量 PI
    public abstract double area();          // 定义抽象方法用于计算形状的面积
    public abstract double perimeter();     // 定义抽象方法用于计算形状的周长
}
```

（2）在项目中定义一个名为 Circle 的类来实现接口，用于计算圆形的周长和面积。具体代码如下：

```java
public class Circle implements Shape{
    double radius;
    public Circle(double radius) {
        this.radius=radius;
    }
    public double area() {          // 重写抽象方法，计算圆形的面积
        double s=PI*radius*radius;
        return s;
    }
    public double perimeter() {     // 重写抽象方法，计算圆形的周长
        double c=2*PI*radius;
        return c;
    }
}
```

（3）在项目中定义一个名为 Triangle 的类来实现接口，用于计算三角形的周长和面积。具体代码如下：

```java
public class Triangle implements Shape{
    double a,b,c;                   // 三角形的 3 条边长
    public Triangle(double a,double b,double c) {
        this.a=a;
        this.b=b;
        this.c=c;
    }
    public double perimeter() {     // 重写抽象方法，计算三角形的周长
        double p=a+b+c;
        return p;
    }
    public double area() {          // 重写抽象方法，利用海伦公式计算三角形的面积
        double p= this.perimeter()/2;
```

```
            double s= Math.sqrt(p*(p-a)*(p-b)*(p-c));
            return s;
        }
    }
```

（4）在项目中定义一个名为 Test_Interface 的类，用于实例化形状并测试接口。具体代码如下：

```
public class Test_Interface {
    public static void main(String[] args) {
        // 实例化一个圆形和一个三角形
        Circle circle = new Circle(6);
        Triangle triangle = new Triangle(8,6,7);
        //通过对象调用类的成员方法，输出形状的周长和面积
        System.out.println("圆形的周长为："+circle.perimeter());
        System.out.println("圆形的面积为："+circle.area());
        System.out.println("三角形的周长为："+triangle.perimeter());
        System.out.println("三角形的面积为："+triangle.area());
    }
}
```

（5）运行 Test_Interface.java，在 Console 窗格中可以看到输出结果，如图 3-5 所示。

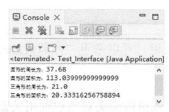

图 3-5　输出结果

# 任务三　内部类

### 任务引入

小白在学习网友分享的 Java 项目时，发现有的程序代码竟然在一个类的内部定义了一个类。通过请教网友，他知道了这种类被称为内部类。在 Java 中，内部类的主要作用是什么呢？如何定义内部类呢？

### 知识准备

在 Java 程序开发中，为了更加准确地描述结构体的作用，允许嵌套程序类，即在一个类的内部定义普通类、抽象类或接口，这些在类内部定义的类被称为内部类，内部类所在的类被称为外部类。根据内部类的位置、修饰符和定义的方式，可以将内部类分为成员内部类、局部内部类、静态内部类和匿名内部类。

# 一、成员内部类

所谓成员内部类，就是被定义在一个类内部，作为类的成员的类。定义成员内部类的语法格式如下：

```
修饰符 class OuterClass{
  修饰符 class InnerClass{
    // 类体
  }
}
```

其中，OuterClass 类是外部类，InnerClass 类是内部类。成员内部类可使用 static、public、protected 和 private 修饰，而外部类只能使用 public 或默认修饰符修饰。需要注意的是，在成员内部类中不能定义静态变量。

在这里，读者可能会有疑问，为便于维护程序，通常在一个.java 文件中只定义一个类，那么使用内部类显然破坏了程序整体设计结构，牺牲了程序的可读性，为什么还要定义内部类呢？这是因为，成员内部类可被视为外部类的一个成员，因此成员内部类的方法可以直接访问外部类中的所有成员。外部类也可以直接利用成员内部类的对象访问成员内部类的私有成员。

> **提示**
>
> 内部类在访问外部类的成员时，可以采用"外部类.this.属性"的形式，明确地表明访问的属性是外部类的属性。

与创建普通的类对象相同，成员内部类对象也使用关键字 new 创建；与普通类不同的是，成员内部类的对象实例化操作必须在外部类或外部类的非静态方法中实现。如果在外部类中初始化一个成员内部类对象，成员内部类对象就会被绑定在外部类对象上。

如果要在外部类和非静态方法之外直接实例化成员内部类对象，可以采用以下语法格式：

```
外部类.内部类 内部类对象 = new 外部类().new 内部类();
```

从上面的语法格式中可以看到，当直接实例化成员内部类对象时，必须首先获取相应的外部类对象，然后利用外部类对象进行成员内部类对象的实例化操作。

成员内部类一旦编译成功，就会成为和相应的外部类完全不同的两个类。

### 案例——销售部的组织结构

本案例利用成员内部类来表示某企业销售部的组织结构。

（1）新建一个名为 Department 的项目，首先在项目中添加一个名为 Sales 的类，然后在类中定义成员内部类 Members 并实例化成员内部类对象，最后在 main()方法中创建一个 Sales 类的对象，输出销售部的组织结构。具体代码如下：

```java
public class Sales {
    Members members = new Members(1,2,4,20); //在外部类中实例化成员内部类对象
    class Members {  //定义成员内部类
        int csoNum;  //销售总监数量
```

```java
        int crmNum;        //大区经理数量
        int rmNum;         //区域经理数量
        int ssNum;         //销售主管数量
        //定义成员内部类的有参构造方法
        public Members(int csoNum, int crmNum,int rmNum,int ssNum) {
            this.csoNum = csoNum;
            this.crmNum = crmNum;
            this.rmNum = rmNum;
            this.ssNum = ssNum;
        }
        public void setValue() {           //定义成员内部类的成员方法
            System.out.println("企业A销售部组织结构");
            System.out.println("销售总监: " + csoNum + "人\n大区经理: " + crmNum
                    + "人\n区域经理: "+ rmNum + "人\n销售主管: " + ssNum+"人");
        }
    }
    public static void main(String[] args) {     //定义外部类的main()方法
        Sales orgs = new Sales();                //创建外部类的对象
        //将成员内部类对象绑定到外部类对象上,并调用成员内部类对象的成员方法
        orgs.members.setValue();
    }
}
```

（2）运行程序,在 Console 窗格中可以看到输出结果,如图 3-6 所示。

## 二、局部内部类

如果内部类被定义在一个类的方法或者一个作用域中,则被称为局部内部类。与成员内部类的区别在于,局部内部类可看作方法中的一个局部变量,因此不能有
public、protected、private 及 static 修饰符,其访问权限也仅限于方法内或者该作用域内。

图 3-6　输出结果

### ● 案例——计算阶乘

本案例使用局部内部类计算给定整数的阶乘。通过该案例演示定义局部内部类的方法。

（1）在 Eclipse 中新建一个名为 InnerClass 的 Java 项目,在项目中添加一个名为 LocalInner 的类。

（2）首先在编辑器中定义 LocalInner 类的成员变量和成员方法,然后在成员方法中定义一个局部内部类并编写局部内部类的成员方法,计算给定整数的阶乘,最后在 LocalInner 类中编写 main()方法,实例化外部类对象,输出计算结果。具体代码如下:

```java
public class LocalInner {
    long sum =1L;                               //定义外部类的成员变量
    public void compute(int n) {                //定义外部类的成员方法
        class Inner{                            //在外部类的成员方法中定义局部内部类
            public long factorial() {           //编写局部内部类的成员方法
```

```
                    //计算n!
            for (int i=1;i<=n;i++)
                sum = sum*i;
            return sum;              //返回值
        }
    }
    //在外部类中实例化局部内部类对象
    System.out.println(n+"!="+new Inner().factorial());
}
public static void main(String[] args) {
    LocalInner jc = new LocalInner();          //实例化外部类对象
    jc.compute(15);                            //调用成员方法输出15!的计算结果
}
}
```

在上述代码中，局部内部类 Inner 定义在外部类 LocalInner 的成员方法 compute()中，可以看作成员方法 compute()的一个局部变量。它可以直接访问所在方法定义的参数 n 和外部类的成员变量 sum。

（3）运行 LocalInner.java，在 Console 窗格中可以看到输出结果，如图 3-7 所示。

图 3-7 输出结果

### 提示

由于本案例中 factorial()方法的返回值为 long 类型，因此在调用成员方法 compute()并代入参数计算整数的阶乘时，要注意计算结果的取值范围。如果计算结果超出 long 类型的取值上限，则显示结果可能为负数或 0。

## 三、静态内部类

静态内部类与成员内部类和局部内部类相似，也是定义在一个类结构中的类，只不过静态内部类需要使用关键字 static 修饰。定义静态内部类的语法格式如下：

```
修饰符 class OuterClass{
    static class InnerClass{
        // 类体
    }
}
```

与类的静态成员变量类似，静态内部类不需要依赖于外部类对象就可以实例化。在外部类或外部类的非静态方法中创建静态内部类对象的语法格式如下：

```
内部类 内部类对象 = new 内部类();
```

在外部类或外部类的非静态方法之外创建静态内部类对象的语法格式如下：

```
外部类.内部类 内部类对象 = new 外部类.内部类();
```

从上面的语法格式中可以看到，静态内部类的完整名称为"外部类.内部类"。

由于外部类的非静态成员必须依附于具体的对象，因此静态内部类不能直接访问外部类的非静态成员。如果要访问外部类的非静态成员，则必须使用以下语法格式：

```
new 外部类().成员
```

### 案例——欢迎新同学

本案例利用静态内部类输出欢迎新同学的文本信息，演示定义静态内部类，以及利用静态内部类访问外部类的静态成员和非静态成员的方法。

（1）启动 Eclipse，在 Java 项目 InnerClass 中添加一个名为 StaticInner 的类。

（2）首先在编辑器中定义 StaticInner 类的成员变量，然后定义一个静态内部类并编写静态内部类的成员方法，最后在 StaticInner 类中编写 main()方法，实例化静态内部类对象。具体代码如下：

```java
public class StaticInner {
    private String msg = "Welcome!";        //定义外部类的私有成员
    static String name = "Lily";            //定义外部类的静态成员
    public static class Inner{              //定义静态内部类
        String name = "Alex";               //定义静态内部类的成员
        public void intro() {
            //引用外部类的静态成员和非静态成员
            System.out.println(StaticInner.name+","+new StaticInner().msg);
            System.out.println("I'm\0"+name+".");    //引用静态内部类的成员
        }
    }
    public static void main(String[] args) {
        Inner inner = new Inner();//在外部类的静态方法中实例化静态内部类对象
        inner.intro();            //调用成员方法，输出信息
    }
}
```

在上述代码中，读者需要注意的是，静态内部类 Inner 访问外部类 StaticInner 的静态成员 name 是通过 StaticInner.name 形式实现的；而访问外部类 StaticInner 的非静态成员 msg 则必须通过 new StaticInner().msg 形式实现。

（3）运行 StaticInner.java，在 Console 窗格中可以看到输出结果，如图 3-8 所示。

图 3-8 输出结果

## 四、匿名内部类

匿名内部类是在接口和抽象类的应用上发展起来的。所谓匿名内部类，就是没有具体名称的内部类，通常用于将类体非常小（只有简单几行），并且只需要使用一次的类作为参数传递给方法，以实现一个接口或继承一个类。在 Swing 编程中，经常使用这种方式绑定事件，编写事件监听的代码，不仅方便，而且代码容易维护。

在 Java 中创建匿名内部类的语法格式如下：

```
new 接口名或抽象类名(){
    //类体
};
```

从上面的语法格式中可以看出，匿名内部类的结构与其他类的结构不同，其更像是一个继承类并实例化子类对象的表达式，结尾处应以分号结束。

由于类的构造方法名称必须与类名相同，而匿名内部类没有类名，因此匿名内部类没有构造方法，使用范围非常有限。一般来说，匿名内部类用于继承其他类或实现接口，只是对继承方法的实现或重写，并不需要增加额外的方法。

### 案例——自我介绍

本案例首先创建一个接口，定义实现自我介绍的方法。然后使用匿名内部类实现接口，输出自我介绍的内容。

（1）在 Eclipse 中新建一个名为 AnonyClass 的项目，在其中添加一个名为 Introduce 的接口，定义一个静态常量和一个实现自我介绍的抽象方法。具体代码如下：

```java
public interface Introduce {
    public static final String name = "Vivian";      //定义静态常量
    public abstract void sayHello();                 //定义抽象方法
}
```

（2）在项目中添加一个名为 SayHi 的类，编写 main()方法，使用匿名内部类实现接口。具体代码如下：

```java
public class SayHi {
    public static void main(String[] args) {
        Introduce intro = new Introduce() {   //创建匿名内部类 Introduce 的对象
            public void sayHello() {          //重写抽象方法
                System.out.println("大家好，我是行政部的"+name);
            }
        };  //分号不能少
        intro.sayHello();       //匿名内部类 Introduce 的对象调用重写的方法
    }
}
```

（3）运行 SayHi.java，在 Console 窗格中可以看到输出结果，如图 3-9 所示。

图 3-9　输出结果

### 五、Lambda 表达式

Lambda 表达式是指应用在 SAM（Single Abstract Method，含有一个抽象方法的接口）环境下的一种简化定义形式，用于简化匿名内部类的定义结构。

在 Java 中，Lambda 表达式的基本语法格式如下：

```
(参数,参数,...) ->{方法体};          //定义方法体
```

```
(参数,参数,…) ->语句;            //直接返回结果
```
其中，参数与要重写的抽象方法的参数一一对应；在方法体中具体实现抽象方法。

## 案例——简单的加法运算

本案例首先从 Console 窗格中获取要进行加法运算的两个整数，然后利用 Lambda 表达式输出这两个整数的计算结果。通过本案例演示 Lambda 表达式的使用方法。

（1）在 Java 项目 InnerClass 中定义一个接口 LambdaExpression，声明一个抽象方法 compute()。具体代码如下：

```java
public interface LambdaExpression {              //定义接口
    public double compute(double a,double b);    //声明抽象方法
}
```

（2）在项目中新建一个类 LEDemo，使用 Lambda 表达式定义实现 LambdaExpression 接口的类，调用接口方法输出计算结果。具体代码如下：

```java
import java.util.Scanner;
public class LEDemo{
    public static void main(String[] args) {
        Scanner sc = new Scanner(System.in);         // 创建扫描器
        System.out.println("请输入一个加数：");
        double num_1 = sc.nextDouble();              // 接收Console窗格中输入的数值
        System.out.println("请输入另一个加数：");
        double num_2 = sc.nextDouble();              // 接收Console窗格中输入的数值
        sc.close();                                   //关闭扫描器
        //利用 Lambda 表达式定义实现 LambdaExpression 接口的类
        LambdaExpression sum = (a,b)->{
            return a+b;                              //方法体
        };
        System.out.print(num_1+"+"+ num_2+"=");
        System.out.println(sum.compute(num_1,num_2));  //调用接口方法
    }
}
```

在上述代码中，首先将从 Console 窗格中输入的两个数值分别存储在变量 num_1 和 num_2 中，然后利用 Lambda 表达式定义实现 LambdaExpression 接口的类，参数为 a 和 b。在方法体中计算两个参数之和并输出。在这里可以看到 Lambda 表达式等价于匿名内部类。本案例只是简单地计算两个数值之和，可以直接编写语句替代方法体来计算结果，代码如下：

```java
//定义参数并直接返回结果
LambdaExpression sum = (a,b)->a+b;
```

最后使用语句 sum.compute(num_1,num_2)调用接口方法 compute()并传入参数来计算结果。

（3）运行 LEDemo.java，根据提示在 Console 窗格中输入两个加数，即可输出这两个加数的和，如图 3-10 所示。

图 3-10 输出结果

## 项目总结

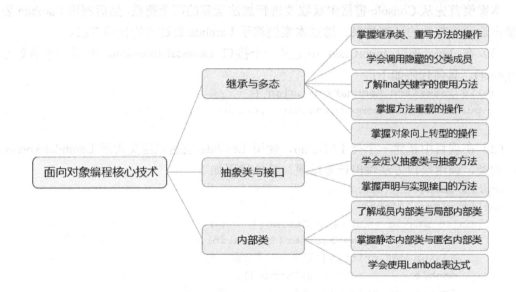

## 项目实战

本项目实战将新建一个实体类 Goods 来存放商品的名称、数量和入库价格并重载 Goods 的构造方法。在操作界面中使用类成员的 setter 方法和 getter 方法访问商品对象的属性。

（1）复制并粘贴"进销存管理系统 V2.0"，在 Copy Project 对话框中修改项目名称为"进销存管理系统 V3.0"，单击 Copy 按钮关闭对话框。

（2）在 Package Explorer 窗格中选中项目名称"进销存管理系统 V3.0"并右击，在弹出的快捷菜单中选择 New→Package 命令，新建一个名为 model 的包。

（3）选中 model 包并右击，在弹出的快捷菜单中选择 New→Class 命令，新建一个名为 Goods 的实体类。在类中定义成员变量，重载构造方法，添加成员变量的 setter 方法和 getter 方法。具体代码如下：

```java
package model;
public class Goods {
    //定义成员变量
    private String name;
    private int num;
    private double price;
    //重载构造方法
    public Goods(String name) {    //第1个构造方法
        this.name = name;
    }
```

```java
    public Goods(String name, int num) {    //第2个构造方法
        this(name);              //调用第1个构造方法
        this.num = num;
    }
    public Goods(String name, int num, double price) {    //第3个构造方法
        this(name, num);          //调用第2个构造方法
        this.price = price;
    }
    //添加setter方法和getter方法
    public String getName() {
        return name;
    }
    public void setName(String name) {
        this.name = name;
    }
    public int getNum() {
        return num;
    }
    public void setNum(int num) {
        this.num = num;
    }
    public double getPrice() {
        return price;
    }
    public void setPrice(double price) {
        this.price = price;
    }
}
```

（4）打开 Entrance.java，引入实体类 Goods，修改 Entrance 类的成员变量和成员方法。由于在出库、修改和查询商品时都要在数组中查找商品，因此添加一个成员方法 findProduct()用于在数组中查找商品并返回商品的索引。具体代码如下：

```java
package ui;
import java.util.Scanner;
import model.Goods;              //引入model包中的实体类Goods

public class Entrance {
    private static final int MAXNUM = 200;           //最大容量
    private int productNum=0;                        //商品名称序号
    private Goods[] products = new Goods[MAXNUM];    //商品名称列表
    final static Scanner sc = new Scanner(System.in);
    //商品入库
    public void inBound() {
        System.out.println("------进货单------");
        System.out.println("请输入商品名称: ");
        String pro_name=sc.nextLine();
        System.out.println("请输入商品数量: ");
        int pro_num=Integer.parseInt(sc.nextLine());//将输入的字符串转换为int类型
```

```java
            System.out.println("请输入商品价格: ");
            double pro_price=Double.parseDouble(sc.nextLine());
            //匹配参数列表，自动调用第3个构造方法存储数据
            Goods goods = new Goods(pro_name,pro_num,pro_price);
            products[productNum++]=goods;           //商品入库
            System.out.println("商品入库完成! ");
    }
    //商品出库
    public void outBound() {
        System.out.println("------出货单------");
        System.out.println("请输入出货商品名称: ");
        String pro_name=sc.nextLine();
        //查找要修改信息的商品
        int i=findProduct(pro_name); //调用成员方法返回商品索引
        if(i==productNum)                   //没有找到要修改信息的商品
            System.out.println("输入的商品不存在! ");
        else{//匹配输入的数字，执行相应的修改操作
            System.out.println("请输入出货数量: ");
            int pro_num=Integer.parseInt(sc.nextLine());
            System.out.println("请输入出货价格: ");
            double pro_price=Double.parseDouble(sc.nextLine());
            //如果出货数量大于或等于库存量，则将所有库存出库并删除对应的记录
            if(pro_num>=products[i].getNum()) {
                System.out.println("出货数量超出库存量，只能出库"+products[i].getNum());
                products[i]=products[i+1];
            }else {         //如果出货数量小于库存量，则修改出库后的库存量
                products[i].setNum(products[i].getNum()-pro_num);
            }
            System.out.println("商品出库完成! ");
        }
    }
    //修改商品信息
    public void changeInfo() {
        System.out.println("------修改商品信息------");
        System.out.println("修改商品名称请输入: 1");
        System.out.println("修改商品数量请输入: 2");
        System.out.println("修改商品价格请输入: 3");
        int choice = Integer.parseInt(sc.nextLine());
        System.out.println("请输入要修改的商品名称: ");
        String pro_name=sc.nextLine();
        //查找要修改信息的商品
        int i=findProduct(pro_name); //商品索引
        if(i==productNum)                   //没有找到要修改信息的商品
            System.out.println("输入的商品不存在! ");
        else{//匹配输入的数字，执行相应的修改操作
            switch(choice) {
            case 1:                             //修改商品名称
```

```java
            System.out.println("请输入新的商品名称: ");
            String new_name=sc.nextLine();
            //如果要修改名称的商品存在,则修改名称
            products[i].setName(new_name);
            System.out.println("商品信息修改完成!");
            break;
        case 2:                              //修改商品数量
            System.out.println("请输入新的商品数量: ");
            int new_num=Integer.parseInt(sc.nextLine());
            products[i].setNum(new_num);
            System.out.println("商品信息修改完成!");
            break;
        case 3:                              //修改商品价格
            System.out.println("请输入新的商品价格: ");
            double new_price=Double.parseDouble(sc.nextLine());
     products[i].setPrice(new_price);
            System.out.println("商品信息修改完成!");
            break;
        default:        //如果输入的数字不是1、2或3,则输出提示信息
            System.out.println("输入的数字不在有效范围内!");
        }
    }
}
//查找商品(searchProduct()方法)
    public void searchProduct() {
        System.out.println("------查找商品------");
        System.out.println("请输入要查找的商品名称: ");
        String pro_name=sc.nextLine();
        int i=findProduct(pro_name);   //调用成员方法返回商品索引
        //如果要查找的商品不存在,则输出提示信息
        if(i==productNum)
            System.out.println("您查找的商品不存在!");
        else {             //输出商品信息
            System.out.print("查找结果:");
            System.out.println("商品名称: "+products[i].getName()+"\t 数量: "
                +products[i].getNum()+"\t 入库价格: "+products[i].getPrice());
        }
    }
//查找商品(findProduct()方法)
    public int findProduct(String pro_name) {
        int index;
        //遍历数组,如果要查找的商品存在,则输出商品名称及库存量
        for(index=0;index<productNum;index++)
            if(products[index].getName().equals(pro_name))
                break;
        return index;
    }
//构造方法
```

```
    public Entrance() {
        while(true) {
            //代码没有变动,省略
            ……
        }
    }
    public static void main(String[] args) {
        new Entrance();         //实例化 Entrance 类对象
    }
}
```

（5）运行程序，在 Console 窗格中输入对应的数字，根据提示输入相应的信息，即可执行相应的操作，输出结果如图 3-11 所示。

图 3-11  输出结果

# 项目四

# 异常处理

### 思政目标

- 培养安全意识，访问项目要注意安全性
- 善于发现和弥补知识欠缺，有意识地完善知识体系结构

### 技能目标

- 掌握异常处理流程
- 能够使用 try-catch-finally 语句捕获并处理异常
- 能够自定义异常类及对象，处理程序特有的异常

### 项目导读

在程序运行过程中，难免会出现各种各样的问题。Java 提供了强大的异常处理机制，所有的异常都以类和对象的形式存在。在程序出现错误时，异常处理机制能及时地抛出异常，帮助程序员检查可能出现的错误。异常处理机制会改变程序的控制流程，让程序有机会对错误做出处理，从而提高程序的可读性和可维护性。

# 任务一  认识异常

### 任务引入

"金无足赤，人无完人"，代码世界中的程序也一样，没有完美的程序。在运行进销存管理系统的程序时，小白发现，在输入商品的数量或价格时，如果输入了非数值，程序就会终止运行并在 Console 窗格中显示一段红色文字提示程序出现异常。

Java 有一套完善的异常处理机制，那么为什么有的程序在发生错误时会抛出异常，而有的程序根本不能执行呢？在 Java 中，什么是异常呢？Java 的异常处理机制是如何捕获程序中的异常并抛出的呢？

### 知识准备

在设计和运行程序过程中，即使程序员尽可能地规避错误，程序也难免会出现各种难以预料的问题。例如，被装载的类不存在、磁盘空间不足等。这些错误或问题会中断程序的运行，导致程序退出，这些情况在 Java 中被统称为异常。

## 一、异常的类型

在 Java 中，所有的异常均被作为对象来处理，程序发生异常时会产生异常类对象。java.lang.Throwable 类是 Java 中所有错误类或异常类的根类，包含两个重要的子类，即 Error 类和 Exception 类。

（1）Error 类。

Error 类是程序无法处理的错误，表示在应用程序运行时出现的严重错误，例如，Socket 编程时端口被占用、JVM 可用内存不足等错误。这些错误不是异常，而是脱离程序员控制的问题，遇到这些错误，JVM 会选择终止线程。

（2）Exception 类。

Exception 类是程序本身可以处理的异常，可分为运行时异常与编译异常，可以被捕获并处理。

运行时异常是指 RuntimeException 类及其子类的异常。这类异常通常由程序逻辑错误产生，是可以避免的异常，例如，对象没有正常初始化、数组元素引用越界等。这些异常在编写代码时不会被编译器检测出来，可以不被捕获。

编译异常是指在 Exception 类中除 RuntimeException 类以外的异常类及其子类的异常，通常是无法预见的，由用户的错误或问题引起，例如，要打开的文件不存在。针对这种异常，在编译时，编译器会提示需要捕获。

在 Java 中，编译异常必须被捕获；不需要被捕获的异常包括 Error 类及其子类的异常以及运行时异常。需要说明的是，产生运行时异常通常表明程序的设计或实现出现了问题。例如，除法运算的程序，在除数不为 0 时可正常运行。如果对这种问题不做处理，可能会导致程序在运行时抛出异常。因此，尽管编译器不强制要求对运行时异常进行捕获，但出于对程序健壮性和安全性的考虑，应在程序中对这种可能发生的异常提供处理代码，例如，接收输入的除数后，判断除数是否为 0，如果除数为 0，则输出错误提示并要求重新输入。

### ◆ 案例——运行时异常

本案例编写一个整数除法运算的程序，帮助读者初识 Java 中的异常处理机制。
（1）新建一个项目 ExceptionDemo，在其中添加一个名为 DivideTest 的类。
（2）引入包，在 DivideTest 类中添加 main()方法。具体代码如下：

```java
import java.util.Scanner;
public class DivideTest {
    public static void main(String[] args) {
        Scanner sc = new Scanner(System.in);         // 创建扫描器
        // 输入进行除法运算的被除数和除数
        System.out.print("请输入一个整数作为被除数: ");
        int dividend = sc.nextInt();
        System.out.print("请输入一个整数作为除数: ");
        int divisor = sc.nextInt();
        int quotient = dividend/divisor;             // 执行除法运算
        System.out.println(dividend+"/"+divisor+"\0=\0"+quotient);
        sc.close();
        System.out.println("程序结束");              // 程序运行成功时执行这条语句
    }
}
```

（3）运行程序，在 Console 窗格中根据提示分别输入被除数和除数，按 Enter 键，即可输出计算结果。

如果输入的除数不为 0，则输出除法运算的商和结束语句，如图 4-1 所示；如果输入的除数为 0，则抛出异常并显示异常所在位置，如图 4-2 所示。

图 4-1　正常运行

图 4-2　抛出异常

从图 4-2 中可以看出，本案例产生的异常为算术异常（ArithmeticException），由于第 10 行代码中的除数为 0，因此程序中断，第 10 行及以后的语句不会被执行，也就不会输出最后一条结束语句。

（4）修改程序，获取输入的除数后，判断除数是否为 0。如果为 0，则要求用户重新输入。修改后的代码如下：

```java
import java.util.Scanner;
public class DivideTest {
    public static void main(String[] args) {
        Scanner sc = new Scanner(System.in);   // 创建扫描器
        // 输入进行除法运算的被除数和除数
        System.out.print("请输入一个整数作为被除数：");
        int dividend = sc.nextInt();
        System.out.print("请输入一个整数作为除数：");
        int divisor = sc.nextInt();
        //如果输入的除数为0，则要求用户重新输入
        while(divisor==0) {
            System.out.println("除数不能为0，请重新输入");
            divisor = sc.nextInt();
        }
        int quotient = dividend/divisor;        // 执行除法运算
        System.out.println(dividend+"/"+divisor+"\0=\0"+quotient);
        sc.close();
        System.out.println("程序结束");          // 程序运行成功时执行这条语句
    }
}
```

（5）运行程序。如果输入的除数为 0，则会要求用户重新输入；如果输入的除数不为 0，则执行除法运算并输出结果，如图 4-3 所示。

图 4-3　输出结果

## 二、常见的异常类

Java 中常见的异常类如表 4-1 所示。

表 4-1　常见的异常类

| 异常类 | 说明 |
| --- | --- |
| ClassNotFoundException | 找不到类 |
| IllegalAccessException | 对类的访问被拒绝 |
| InstantiationException | 实例化抽象类或接口的对象 |
| InterruptedException | 一个线程被另一个线程中断 |
| NoSuchFieldException | 请求的属性不存在 |

续表

| 异常类 | 说明 |
|---|---|
| NoSuchMethodException | 调用的方法不存在 |
| ArithmeticException | 算术异常 |
| ArrayIndexOutOfBoundsException | 数组下标越界 |
| ArrayStoreException | 数组元素赋值类型不兼容 |
| ClassCastException | 非法强制转换类型 |
| EOFException | 文件结束异常 |
| FileNotFoundException | 文件未找到 |
| IOException | 输入/输出异常 |
| IllegalArgumentException | 非法调用方法的参数 |
| IllegalMonitorStateException | 非法监控操作 |
| IllegalStateException | 非法的应用状态 |
| IllegalThreadStateException | 请求与当前线程状态不兼容 |
| IndexOutOfBoundsException | 索引越界 |
| NullPointerException | 空引用 |
| NumberFormatException | 非法数值格式转换 |
| SQLException | 操作数据库异常 |
| StringIndexOutOfBounds | 字符串索引越界 |

## 三、异常处理流程

为了保证程序在出现异常之后仍然可以正确运行，在程序设计过程中使用如下语法结构进行异常处理：

```
try{
// 需要监视异常的代码块
}
catch (异常类型1 异常的变量名1){
    // 处理异常的代码块1
}
catch (异常类型2 异常的变量名2){
    // 处理异常的代码块2
}
……
finally {
    // 最终执行的代码块
}
```

该语法结构对应的异常处理流程如图 4-4 所示。

其中，try 代码块中包含可能抛出异常的代码，是捕获并处理异常的范围。catch 子句有一个参数用于声明可捕获异常的类型，如果在运行过程中，try 代码块中产生了异常，就自动实例化相应的异常类对象，然后匹配第 1 个 catch 子句中的异常类型，如果匹配，则执行对应的异常处理代码进行处理；如果不匹配，则与下一个 catch 子句中的异常类型进行匹配。如果没有发生异常，则 catch 子句及对应的代码块就会被跳过。

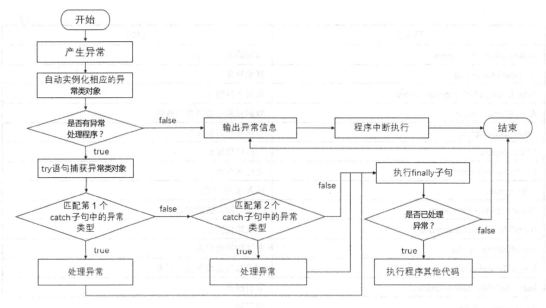

图 4-4 异常处理流程

语法结构中的 finally 子句是异常处理的出口,无论是否发生了异常,该子句中的代码都会被执行。该子句能够对程序的状态进行统一的管理,通常用于清理资源和关闭对象。如果没有必要,finally 子句也可以省略。

## 四、Exception 类的常用方法

Exception 类提供了一些方法,用于输出产生异常的原因的描述,方便程序开发人员排查产生异常的原因,修复程序。Exception 类的常用方法如表 4-2 所示。

表 4-2 Exception 类的常用方法

| 方法 | 说明 |
| --- | --- |
| Exception() | 默认构造方法 |
| Exception(String msg) | 构造方法,msg 是对异常的描述 |
| Exception(Throwable cause) | 构造方法,cause 是出现异常的原因 |
| Exception(String msg, Throwable cause) | 构造方法 |
| String getMessage() | 以字符串形式返回对异常的描述 |
| String toString() | 返回一个包含异常类名和异常描述的字符串 |
| Void printStackTrace() | 输出当前异常类对象的堆栈使用轨迹 |

从表 4-2 中可以看出,Exception 类提供了 4 种形式的构造方法。其中,使用 Exception(String msg)构造方法,可以将异常对应的描述作为字符串参数传入构造方法,使用 Exception 类的 getMessage()方法可以获取该信息。使用 Exception(Throwable cause)构造方法的参数 cause 可以保存出现异常的原因,便于在后续操作中使用 Throwable.getCause()方法重新获取出现异常的原因。

# 任务二　处理异常

## 任务引入

Java 提供了异常处理机制，但小白不知道应该怎样利用这种机制捕获程序中可能出现的异常。如果知道一段程序有可能会产生异常，那么应该怎样捕获、抛出这种异常呢？此外，在编写的进销存管理系统中，小白希望在输入的数据格式不对时，程序能给出提示信息并要求用户重新输入；在入库商品数量超出库存量上限时输出提示信息，而不是直接终止程序的运行。这又该如何处理呢？

## 知识准备

如果不对异常进行正确的处理，则可能导致程序运行中断，造成不必要的损失。所以在程序的设计过程中程序员必须考虑各种可能发生的异常并进行相应的处理，以保证程序能正常运行。

### 一、处理编译异常

编译异常必须由 try-catch 语句进行捕获和处理，或包含在方法声明的 throws 列表中，由方法的调用者进行捕获和处理，否则程序不能通过编译。

捕获异常的语法格式是一个完整的结构，try、catch 和 finally 3 个子句不能单独使用，但可以组合为 try-catch、try-catch-finally 或 try-finally 结构使用。其中，catch 子句可以有一个或多个，但 finally 子句只能有一个。

### 案例——模拟在 ATM 上取款

在 ATM 上只能取整数金额。假设 Mark 的某个银行账户的余额有 1203.68 元，他想一次性全部取出并注销账户。本案例模拟在 ATM 上取款，在 Console 窗格中输入取款金额，产生数字格式转换异常的场景。

（1）新建一个项目 BankAccount，在其中添加一个名为 BankAccount 的类。
（2）引入包，在 BankAccount 类中添加 main()方法，编写代码。具体代码如下：

```java
import java.util.InputMismatchException;
import java.util.Scanner;
public class BankAccount {
    public static void main(String[] args) {
        double leftMoney = 1203.68;        // 初始化账户余额并输出
        System.out.println("您的账户余额为："+leftMoney +"元");
        Scanner sc = new Scanner(System.in);      // 创建扫描器
        System.out.println("请输入取款金额：");
        // 将可能产生异常的语句放入 try 子句中
```

```java
        try {
            int drawMoney = sc.nextInt();           // 获取要提取的金额
            double result = leftMoney - drawMoney;  // 计算提取后的余额
            // 判断提取的金额是否小于账户余额
            if(result >= 0) {
                System.out.println("您账户上的余额: " + (float)result + "元");
            } else {
                // 取款金额超出账户余额，输出提示信息
                System.out.println("您账户上的余额不足！");
            }
        }
        // 输入的数据格式不是 int 类型，捕获异常，输出异常信息
        catch (InputMismatchException e) {
            System.out.println("输入的取款金额不是整数！");
        }
        finally {
            sc.close(); // 清理资源，关闭扫描器
        }
    }
}
```

（3）运行程序，在 Console 窗格中输入取款金额，如果输入的取款金额不是整数，则产生异常并输出异常信息，如图 4-5 所示。如果输入的取款金额是大于账户余额的整数，则输出错误提示信息，如图 4-6 所示。如果输入的取款金额是小于账户余额的整数，则输出取款后的账户余额，如图 4-7 所示。

图 4-5　产生异常　　　　　图 4-6　余额不足　　　　　图 4-7　取款成功

## 二、在方法中抛出异常

如果程序中的异常是在某个方法中产生的，但不希望在当前方法中处理这个异常，则可以借助 throws 和 throw 关键字抛出这个异常类对象。由于异常类对象本身带有类型信息，因此只需要在上层捕获，就可以在任何地方抛出。

### 1. 使用 throws 关键字抛出异常

在定义方法时使用 throws 关键字声明，表示在该方法中可能抛出异常，但不处理异常，而是交给方法的调用者进行处理。语法格式如下：

```
返回值类型 方法名(参数列表) throws 异常类型名 {
    // 方法体，抛出异常
}
```

如果要在该方法中抛出多个异常,则需要使用逗号分隔异常类型名。

在调用使用 throws 关键字声明的方法时,不管该方法是否会产生异常,调用处都应该采用 try-catch 语句对异常进行处理。如果在定义 main() 方法时使用 throws 关键字声明,则抛出的异常只能交给 JVM 处理。

### 2. 使用 throw 关键字抛出异常

异常类对象通常是在产生异常时,由 JVM 自动实例化的。如果用户要手动实例化异常类对象,就需要使用 throw 关键字。将 throw 关键字用在方法体内,不仅可抛出 Exception 类中的子类异常,还可以抛出自定义异常,由方法体内的语句进行处理。语法格式如下:

```
throw new 异常类型名(异常信息)
```

通过 throw 关键字抛出异常后,如果要在上一级代码中捕获并处理异常,首先需要在抛出异常的方法声明中使用 throws 关键字表明要抛出的异常,然后在上一级代码中使用 try-catch 语句捕获异常。

> **注意**
>
> 如果在某个方法声明中用关键字 throws 抛出异常,表示该方法可能抛出异常。如果使用 throw 关键字抛出异常,则是显式地抛出一个异常类对象,明确地表示在这里抛出一个异常。

### ● 案例——对整数除法程序进行异常处理

本案例编写一个实现整数除法运算的方法,使用 throw 关键字在方法中抛出异常,在 main() 方法中捕获并处理异常。

(1) 新建一个项目 DivideException,在其中添加一个名为 DivideException 的类。

(2) 引入包,在 DivideException 类中添加 main() 方法,并自定义一个实现整数除法运算的方法 div()。具体代码如下:

```java
import java.util.InputMismatchException;  // 引入包,用于处理输入数据格式不匹配的异常
import java.util.Scanner;     // 引入包,用于扫描 Console 窗格中的输入

public class DivideException {
    public static void main(String[] args) {
        Scanner sc = new Scanner(System.in);        // 创建扫描器
        // 将可能产生异常的代码放入 try 子句中
        try {
            // 输入进行除法运算的被除数和除数
            System.out.print("请输入一个整数作为被除数: ");
            int dividend = sc.nextInt();
            System.out.print("请输入一个整数作为除数: ");
            int divisor = sc.nextInt();
            // 调用方法执行除法运算并输出结果
            System.out.println(dividend+"/"+divisor
                    +"\0=\0"+div(dividend,divisor));
        }catch (ArithmeticException e) {     // 捕获算术异常
            System.out.println("出现算术异常: "+e.getMessage());
```

```java
        }catch (InputMismatchException e) {   // 捕获输入数据格式不匹配的异常
            System.out.println("输入的数据格式有误");
        }finally {
            sc.close();                                  // 关闭扫描器
            System.out.println("执行finally子句,关闭扫描器");
        }
    }
    // 定义实现整数除法运算的方法,抛出算术异常
    public static double div(int a,int b) throws ArithmeticException {
        // 当除数为 0 时抛出异常
        if (b==0) {
            throw new ArithmeticException("除数不能为 0");
        }
        return a/b;      // 返回除法运算结果
    }
}
```

上述代码在定义方法 div()时使用关键字 throws 抛出 ArithmeticException 类异常,但该方法可以不处理异常,而交给调用者处理。在本例中由 main()方法使用 try-catch-finally 语句处理异常。

在 div()方法体中,当除数为 0 时,首先使用 throw 关键字实例化一个 ArithmeticException 异常类对象并抛出,此时立即终止执行 div()方法,然后在 main()方法中捕获异常并匹配第 1 个 catch 子句,输出错误提示信息。最后执行 finally 子句,关闭扫描器,结束程序运行。

(3)运行程序,在 Console 窗格中根据提示输入被除数和除数,按 Enter 键,输出结果,如图 4-8～图 4-10 所示。

如果输入的被除数和除数都是整数,并且除数不为 0,则程序运行成功,输出计算结果,执行 finally 子句,如图 4-8 所示。

如果输入的被除数和除数都是整数,但除数为 0,则抛出算术异常,匹配第 1 个 catch 子句,输出错误提示信息,然后执行 finally 子句,如图 4-9 所示。

如果输入的被除数或除数不是整数,则抛出数据格式不匹配异常,匹配第 2 个 catch 子句,输出错误提示信息,然后执行 finally 子句,如图 4-10 所示。

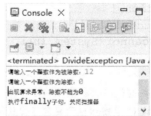

图 4-8　运行成功　　　　图 4-9　抛出算术异常　　　图 4-10　抛出数据格式不匹配异常

从图 4-8～图 4-10 中可以看出,不管程序是否产生异常,都会执行 finally 子句。即使产生了异常,程序也不会无法运行,而是"友好地"输出错误提示信息。

## 三、自定义异常类

在实际应用中,Java 提供的异常类有时并不能满足程序的异常处理需求,例如,电话

号码中包含字符，输入的年龄为负数等。在这种情况下，用户可以根据程序的逻辑自定义异常类，以捕获和处理程序特有的运行异常。

如果要自定义编译异常类，则可以通过继承 Exception 类的方式创建，具体的语法格式如下：

```
修饰符 class 自定义异常类名 extends Exception{
    // 类体
}
```

如果要自定义运行时异常类，则可以通过继承 RuntimeException 类的方式创建，具体的语法格式如下：

```
修饰符 class 自定义异常类名 extends RuntimeException{
    // 类体
}
```

与其他类相同，自定义异常类的类体中包括构造方法、成员变量和成员方法。自定义异常类的构造方法一般用于指定该异常的描述信息，例如：

```
public class TelException extends Exception {
    public TelException(String message) {
        super("电话号码位数不对，应为 11 位");//异常的描述信息
    }
}
```

上述代码使用 super 关键字调用父类 Exception 的有参构造方法 Exception(String msg)，初始化异常类对象。异常的描述信息可以调用 getMessage()方法获取，返回值为 String 类型。

### 案例——货车限重

根据《超限运输车辆行驶公路管理规定》，二轴货车的车货总质量不得超过 18 000kg。本案例自定义一个异常类 WeightException，用于限制二轴货车的车货总质量范围。

（1）新建一个项目 WeightLimite，在其中添加一个名为 WeightException 的自定义异常类。具体代码如下：

```
public class WeightException extends Exception{
    private static final long serialVersionUID = 1L;
    String mess;
    public WeightException(double weight) {
        mess = "该二轴货车的车货总质量为"+weight+"kg,不符合规定!上限为"+Lorry.standard+"kg!";    // 定义异常的描述信息
    }
    public String getMess() {
        return mess;  //返回异常信息
    }
}
```

（2）添加一个名为 Lorry 的类，在类体中定义成员变量和成员方法。具体代码如下：

```
//定义货车类 Lorry
public class Lorry {
    //定义静态常量，值为二轴货车的车货总质量上限
    final static double standard = 18000;
    private double weight;                          //质量
    public void setWeight(double weight) {  //定义setter方法，用于设置车货总质量
```

```java
        this.weight = weight;
    }
    public void lorryWeight() throws WeightException{//在成员方法中抛出异常
        if(weight<=0)
            System.out.println("车货总质量应大于0！");
        else if(weight<=standard)
            System.out.println("可正常通行！");
        else
            throw new WeightException(weight);    //抛出具体的异常类实例
    }
}
```

上述代码使用关键字 throws 声明成员方法 lorryWeight()可能抛出异常，在方法体中使用 throw 关键字抛出具体的异常类对象，在该成员方法的调用处，即 main()方法中捕获并处理异常。

（3）在项目中添加一个名为 TestWeight 的类，编写 main()方法实例化货车对象，捕获并处理异常。具体代码如下：

```java
import java.util.Scanner;

public class TestWeight {
    public static void main(String[] args) {
        Scanner sc = new Scanner(System.in);        //创建扫描器
        Lorry van = new Lorry();                    //实例化货车对象
        System.out.println("请输入货车的车货总质量（kg）：");
        //捕获并处理 lorryWeight()方法中抛出的异常
        try {
            van.setWeight(sc.nextDouble());          //设置车货总质量
            van.lorryWeight();                       //调用方法
        }
        catch(WeightException e) {
            //调用异常类对象的 getMess()方法输出异常信息
            System.out.println(e.getMess());
        }
        finally {
            sc.close();        //关闭扫描器
        }
    }
}
```

（4）运行程序。如果输入的质量小于 0 或在规定范围内，则输出对应的提示信息，如图 4-11 和图 4-12 所示。如果输入的质量超出规定上限，则抛出异常。此时，在 Console 窗格中可以看到捕获到的异常的描述信息，如图 4-13 所示。

图 4-11 车货总质量小于 0　　图 4-12 车货总质量在规定范围内　　图 4-13 捕获到的异常的描述信息

## 项目总结

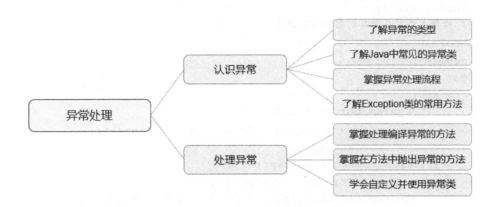

## 项目实战

在项目三的项目实战中，如果在主界面中选择功能时输入的不是整数，或输入的商品数量不是整数，价格不是数值，就会抛出 NumberFormatException 异常，终止程序运行。此外，如果入库的商品种类超出静态常量 MAXNUM 的值，就会抛出 ArrayIndexOutOfBoundsException 异常。为保证程序的健壮性，本项目实战将处理这些异常。

（1）复制并粘贴"进销存管理系统 V3.0"，在 Copy Project 对话框中修改项目名称为"进销存管理系统 V4.0"，单击 Copy 按钮关闭对话框。

（2）在 inBound()方法中，利用 try-catch 语句首先捕获并处理在输入商品数量和价格时可能产生的数据格式异常。然后捕获并处理在商品入库时可能发生的数组索引越界的异常。具体代码如下：

```java
//商品入库
public void inBound() {
    System.out.println("------进货单------");
    System.out.println("请输入商品名称：");
    String pro_name=sc.nextLine();
    //处理入库商品数量的数据格式异常
    int pro_num=0;
    boolean flag=true;   //判断数据格式是否正确
    //数据格式不正确时要求重新输入
    do{
        try{
            System.out.println("请输入商品数量：");
            //将输入的字符串转换为 int 类型
            pro_num=Integer.parseInt(sc.nextLine());
```

```java
            flag=false;         //若数据格式无误就退出
        }//捕获NumberFormatException对象
        catch(NumberFormatException e) {
            System.out.println("数据格式异常!请输入一个整数!");
        }
    }while(flag);
    //处理入库商品价格的数据格式异常
    boolean price_flag=true;
    double pro_price=0;
    do{
        try{
            System.out.println("请输入商品价格: ");
            pro_price=Double.parseDouble(sc.nextLine());
            price_flag=false;
        }//捕获NumberFormatException对象
        catch(NumberFormatException e) {
            System.out.println("数据格式异常!请输入一个数值!");
        }
    }while(price_flag);
    Goods goods = new Goods(pro_name,pro_num,pro_price);
    //处理数组索引越界的异常
    try{
        products[productNum++]=goods;            //商品入库
        System.out.println("商品入库完成! ");
    }catch(ArrayIndexOutOfBoundsException e) {
        System.out.println("超出库存量上限,不能入库! ");
        productNum--;
    }
}
```

（3）在outBound()方法中，首先捕获并处理在输入出货数量和价格时可能产生的数据格式异常。然后捕获并处理在商品出库时可能发生的数组索引越界的异常。具体代码如下：

```java
//商品出库
public void outBound() {
    System.out.println("------出货单------");
    System.out.println("请输入出货商品名称: ");
    String pro_name=sc.nextLine();
    //查找要修改信息的商品
    int i=findProduct(pro_name);    //商品索引
    //指示数据格式是否正确
    boolean num_flag=true;
    int pro_num=0;
    if(i==productNum)               //没有找到要修改信息的商品
        System.out.println("输入的商品不存在! ");
    else{
        //处理出货数量的数据格式异常
        do{
            try {
```

```java
            System.out.println("请输入出货数量: ");
            //数据格式不正确时要求重新输入
            pro_num=Integer.parseInt(sc.nextLine());
            num_flag=false;          //若数据格式无误就退出
        }//捕获 NumberFormatException 对象
        catch(NumberFormatException e) {
            System.out.println("数据格式异常!请输入一个整数!");
        }
    }while(num_flag);
    //如果出货数量大于或等于库存量,则将所有库存出库并删除对应的记录
    if(pro_num>=products[i].getNum()) {
        System.out.println("出货数量超出库存量,只能出库"+products[i].getNum());
        //完全出库的商品不是数组中的最后一个元素
        if(i<productNum)
            products[i]=products[i+1];
        else       //完全出库的商品是数组中的最后一个元素
            products[i]=null;
        --productNum;
    }else {        //如果出货数量小于库存量,则修改商品出库后的库存量
        products[i].setNum(products[i].getNum()-pro_num);
    }
    //处理出货价格数据格式异常
    boolean price_flag=true;
    do{
        try {
            System.out.println("请输入出货价格: ");
            double pro_price=Double.parseDouble(sc.nextLine());
            price_flag=false;            //若数据格式无误就退出
        }//捕获 NumberFormatException 对象
        catch(NumberFormatException e) {
            System.out.println("数据格式异常!请输入一个数值!");
        }
    }while(price_flag);
    System.out.println("商品出库完成! ");
}
```

(4) 在 changeInfo() 方法中利用 try-catch 语句捕获并处理在输入功能编号时可能产生的数据格式异常。具体代码如下:

```java
//修改商品信息
public void changeInfo() {
    System.out.println("------修改商品信息------");
    System.out.println("修改商品名称请输入: 1");
    System.out.println("修改商品数量请输入: 2");
    System.out.println("修改商品价格请输入: 3");
    int choice = Integer.parseInt(sc.nextLine());
    System.out.println("请输入要修改的商品名称: ");
```

```java
            String pro_name=sc.nextLine();
            //查找要修改信息的商品
            int i=findProduct(pro_name);        //商品索引
            if(i==productNum)            //没有找到要修改信息的商品
                System.out.println("输入的商品不存在!");
            //处理数据格式异常
            boolean flag=true;
            do{       //如果输入数据的格式不正确,就要求用户重新输入
                try {    //匹配输入的数字,执行相应的修改操作
                    switch(choice) {
                    case 1:       //修改商品名称
                        System.out.println("请输入新的商品名称: ");
                        String new_name=sc.nextLine();
                        flag=false;
                        //如果要修改名称的商品存在,则修改名称
                        products[i].setName(new_name);
                        System.out.println("商品信息修改完成!");
                        break;
                    case 2:       //修改商品数量
                        System.out.println("请输入新的商品数量: ");
                        int new_num=Integer.parseInt(sc.nextLine());
                        flag=false;
                        products[i].setNum(new_num);
                        System.out.println("商品信息修改完成!");
                        break;
                    case 3:       //修改商品价格
                        System.out.println("请输入新的商品价格: ");
                        double new_price=Double.parseDouble(sc.nextLine());
                        flag=false;
                        products[i].setPrice(new_price);
                        System.out.println("商品信息修改完成!");
                        break;
                    default:         //若输入的数字不是1、2或3,则输出提示信息
                        System.out.println("输入的数字不在有效范围内!");
                    }
                }catch(NumberFormatException e) {
                    System.out.println("数据格式异常!请重新输入!");
                }
            }while(flag);
        }
```

(5)在Entrance()方法中捕获并处理在输入主界面的功能编号时可能产生的数据格式异常。具体代码如下:

```java
//构造方法
public Entrance() {
    while(true) {
        //管理系统的主界面
        System.out.println("======进销存管理系统======");
```

```java
        System.out.println("\0商品入库请输入: 1");
        System.out.println("\0商品出库请输入: 2");
        System.out.println("\0修改商品信息请输入: 3");
        System.out.println("\0查找商品请输入: 4");
        int choice=0;
        //处理数据格式异常
        boolean flag=true;
        do{
            System.out.println("请输入您的选择: ");
            try{
            //将输入的字符串转换为 int 类型
                choice = Integer.parseInt(sc.nextLine());
                flag=false;
            }catch(NumberFormatException e) {
                System.out.println("数据格式异常!请重新输入!");
            }
        }while(flag);
        //匹配输入的数字，调用不同的方法执行相应的功能
        //省略没有变动的代码
        ......
}
```

（6）为便于抛出数组索引越界的异常，将静态常量 MAXNUM 修改为 2，运行程序，输出结果如图 4-14 所示。当输入的商品数量和价格的数据格式不正确时，输出提示信息并要求用户重新输入，如图 4-14（a）所示；当入库的商品数量超出库存量上限（2）时，输出提示信息，如图 4-14（b）和（c）所示；当输入的功能编号的数据格式不正确时，输出提示信息并要求用户重新输入，如图 4-14（c）所示。

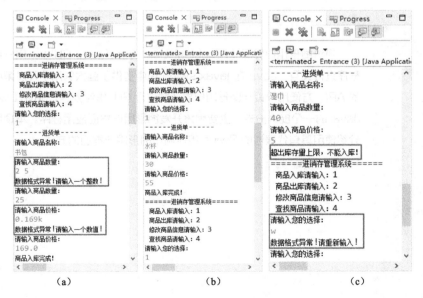

图 4-14 输出结果

# 项目五

# 图形用户界面设计

**思政目标**
- 遵循人的认知心理和行为方式，树立科学、正确的审美观
- 跨越学科界限，实现多学科交叉，培养复合型人才

**技能目标**
- 能够使用常用容器和组件创建图形用户界面
- 能够使用布局管理器对界面组件进行合理布局

**项目导读**

通过图形用户界面（Graphical User Interface，GUI），用户可以和程序进行交互。Java 在 javax.swing 包中提供了强大的用于开发桌面程序的 API，方便用户设计图形用户界面并进行 GUI 事件处理。Java Swing 是 Java 的一个庞大分支，主要用来开发图形用户界面应用程序。本项目简要介绍使用具有代表性的 Swing 组件制作图形用户界面的方法。

# 任务一　初识 Java Swing

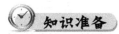

通过学习前面 4 个项目，小白创建了一个控制台版本的进销存管理系统。由于这种版本不直观，因此小白想为进销存管理系统创建图形用户界面。在 Java 中，可以使用哪些工具包创建图形用户界面呢？

## 一、Swing 概述

Java 早期在进行图形用户界面设计时，主要使用 Java 抽象窗口工具包（Abstract Window Toolkit，AWT）java.awt 提供的用于设计图形用户界面的组件类。javax.swing 包（简称 Swing）是随 JDK 1.2 推出的一个新包，提供了功能更为强大的设计图形用户界面的类。

可以说，Swing 是 AWT 的增强版本，由于 Swing 除保留 AWT 中的几个重要的重量级组件以外，其他组件是完全采用 Java 编写的不依赖于本地平台的轻量级组件，因此，使用 Swing 开发的窗口可以运行在任何平台上，而且窗口风格能与当前运行平台上的窗口风格保持一致。

java.awt 和 javax.swing 包中部分类的层次关系如图 5-1 所示。

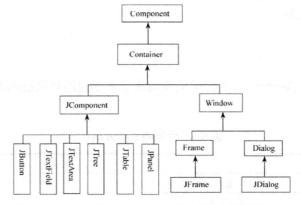

图 5-1　java.awt 和 javax.swing 包中部分类的层次关系

Swing 组件名称在 AWT 组件名称的基础上增加了一个字母 J 作为前缀。

从图 5-1 中可以看出，在 javax.swing 包中，JComponent 类是 java.awt 包中 Container 类的一个直接子类，所有组件都是从该类中扩展出来的。它也是 java.awt 包中 Component

类的一个间接子类。

使用Swing设计图形用户界面的过程主要是学习使用Component类的一些重要的子类的过程，在此之前，读者必须先理解、掌握两个基本概念：容器（Container）和组件（Component）。

## 二、容器

容器是图形用户界面设计中必不可少的一种界面元素，是用来放置其他组件的一种特殊部件。在Java中，使用Container的子类或间接子类创建的对象被称为容器。

 提示

由于容器本身也是一个组件，因此可以把一个容器添加到另一个容器中实现容器的嵌套。

Java类库提供了丰富的容器类，为用户选择与创建容器带来了极大的便捷。下面简要介绍两种常用容器：底层容器和面板容器。

### 1. 底层容器

底层容器是指最外层的容器，即包含所有组件或容器的那层容器。Java提供的JFrame类的实例，即通常所说的窗口就是一个底层容器；JDialog类的实例，即通常所说的对话框，也是一个底层容器。每一个可视化的图形用户界面应用程序都应该有一个底层容器，其他组件必须被添加到底层容器中，以便借助这个底层容器和操作系统进行信息交互。

### 2. 面板容器

面板容器是一种没有边框、没有标题栏的中间层容器。常见的面板容器有两种：一种是普通的面板容器，在Swing中用JPanel类实现；另一种是带滚动视图的面板容器，在Swing中用JScrollPane类实现。

## 三、组件

在Java中，使用Component类的子类或间接子类创建的对象被称为组件。常用的Swing组件如表5-1所示。

表5-1 常用的Swing组件

| 组件名称 | 说明 |
| --- | --- |
| JFrame | 窗口 |
| JDialog | 对话框 |
| JPanel | 面板 |
| JScrollPane | 滚动面板 |
| JLabel | 标签组件，常用于提供信息提示 |
| JButton | 普通按钮组件 |
| JRadioButton | 单选按钮组件 |
| JCheckBox | 复选框组件 |
| JTextField | 文本框组件，允许输入单行文本 |

续表

| 组件名称 | 说明 |
|---|---|
| JPasswordField | 密码框组件，使用回显字符显示输入的文本 |
| JTextArea | 文本域组件，允许输入多行文本 |
| JComboBox | 下拉列表框组件 |
| JList | 列表框组件 |

## 任务二　创建常用容器与布局

### 任务引入

在了解了创建图形用户界面的基本工具和概念后，小白开始着手学习创建最基本的窗口、对话框和容纳各种组件的面板。一个图形用户界面通常包含多种组件，应该怎样排列布局这些组件呢？

### 知识准备

基于图形用户界面的应用程序应当提供一个能与操作系统直接交互的底层容器，该容器可以被直接显示在操作系统所控制的平台（如显示器）上。其他组件要想与操作系统进行信息交互，就必须被添加到底层容器中，否则用户无法看到该组件，更无法通过该组件与操作系统进行交互。

### 一、JFrame 窗口

JFrame 类是 Component 类和 Container 类的间接子类。JFrame 类的实例是一个底层容器，通常也被称为窗口。在开发应用程序时，可以通过继承 JFrame 类或直接使用 JFrame 类的实例创建一个窗口。

> **注意**
> 
> 由于窗口默认被系统添加到显示器上，因此不可以将一个窗口添加到另一个容器中。

在 Java 应用程序中创建 JFrame 窗口的一般操作过程为：创建窗口→定位窗口→指定窗口扩展和关闭方式→指定窗口可见。

#### 1. 创建窗口

在 Java 中，可以使用 JFrame 类或其子类创建窗口，语法格式如下：

```
JFrame win = new JFrame(title);
Container container = win.getContentPane();
```

第 1 行语句使用有参构造方法创建标题为 title 的窗口对象，如果不指定标题参数，则调用无参构造方法，创建没有标题的窗口。创建的窗口默认是不可见的，需要在后续的代码中调用 setVisible()方法使其可见。

第 2 行语句调用 getContentPane()方法将窗口转换为容器，以便之后在容器中添加组件或设置布局管理器。

### 2．定位窗口

定位窗口包括设置窗口大小和显示窗口位置。JFrame 类从各层父类中继承了多个用于处理窗口大小和位置的方法，如下所示。

- public void setSize(int width,int height)：设置窗口的宽度和高度。
- public void setResizable(boolean b)：设置窗口是否可调整大小，默认可调整大小。
- public void setLocation(intx,inty)：设置窗口左上角在屏幕上的坐标位置，默认位置为(0,0)。
- public void setBounds(int a,int b,int width,int height)：设置窗口的初始位置为(a,b)，宽为 width，高为 height。

如果要设置窗口的背景颜色，则可以使用 setBackground(Color c)方法。

### 3．指定窗口扩展和关闭方式

JFrame 窗口包括"最大化""最小化""关闭"等按钮。在创建窗口后，可以使用 setExtendedState()方法指定窗口的扩展方式。该方法的参数取值为 JFrame 类中的下列静态常量。

- MAXIMIZED_HORIZ：水平方向最大化。
- MAXIMIZED_VERT：垂直方向最大化。
- MAXIMIZED_BOTH：水平、垂直方向都最大化。

可以使用 setDefaultCloseOperation()方法指定"关闭"按钮的处理方式。该方法的参数取值为 JFrame 类中 int 类型的 static 常量，常用的有以下 4 个。

- DO_NOTHING_ON_CLOSE：不执行任何操作。此时要求程序在已注册的 WindowListener 对象的 windowClosing()方法中处理该操作。
- HIDE_ON_CLOSE：默认值，在调用任意已注册的 WindowListener 对象后隐藏当前窗口。
- DISPOSE_ON_CLOSE：在调用任意已注册的 WindowListener 对象后隐藏当前窗口并释放窗口占有的其他资源。
- EXIT_ON_CLOSE：退出窗口所在的应用程序。

### 4．指定窗口可见

由于 JFrame 窗口在创建后默认是不可见的，因此必须在程序中调用 setVisible()方法显示窗口，其参数值为 true 或 false。

#### ◆ 案例——创建 JFrame 窗口

本案例通过继承 JFrame 类，演示创建 JFrame 窗口的操作方法。

（1）在 Eclipse 中新建一个名为 SwingDemo 的项目，在项目中添加一个名为 JFWindow

的类。

（2）在编辑器中引入包，首先编写代码定义继承类，然后编写 main()方法创建窗口。具体代码如下：

```java
import java.awt.Color;
import java.awt.Container;
import javax.swing.JFrame;

public class JFWindow extends JFrame{            //定义一个类来继承 JFrame 类
    public void CreateJFrame(String title) {    //定义一个成员方法
        JFrame win = new JFrame(title);         //调用有参构造方法创建一个 JFrame 对象
        Container container = win.getContentPane();  //获取容器
        container.setBackground(Color.yellow);       //设置容器颜色
        win.setSize(300,160);                   //设置窗口大小
        win.setLocation(200,100);               //设置窗口位置
        //设置窗口关闭方式
        win.setDefaultCloseOperation(EXIT_ON_CLOSE);
        win.setVisible(true);                   //设置窗口可见
    }
    public static void main(String[] args) {
        new JFWindow().CreateJFrame("JFrame 窗口");   //实例化 JFWindow 对象
    }
}
```

（3）运行程序，即可在屏幕指定位置弹出指定大小的窗口，如图 5-2 所示。单击窗口标题栏上的"最小化"或"最大化"按钮，可以将窗口最小化到任务栏或全屏显示。单击"关闭"按钮，即可关闭窗口。

图 5-2　创建的 JFrame 窗口

## 二、JDialog 对话框

JDialog 类继承了 AWT 组件中的 Dialog 类，用于创建 JDialog 对话框。与 JFrame 窗口类似，可以使用 JDialog 类或其子类的对象创建 JDialog 对话框，在使用时也需要调用 getContentPane()方法将窗口转换为容器，并且在容器中设置窗口的特性。JDialog 对话框默认使用的布局管理器是边界布局管理器。

在应用程序中创建 JDialog 对话框需要实例化 JDialog 类，通常使用以下几个 JDialog 类的构造方法。

- public JDialog()：创建一个没有标题和父窗口的对话框。
- public JDialog(Frame f)：创建一个没有标题、指定父窗口的对话框。
- public JDialog(Frame f,boolean model)：创建一个没有标题的指定类型的对话框并指定父窗口 f。
- public JDialog(Frame f, String title)：创建一个指定父窗口和标题的对话框。
- public JDialog(Frame f, String title, boolean model)：创建一个指定父窗口、标题和类型的对话框。

## 三、JPanel 面板

JPanel 是一种常用的容器种类。在实际应用中,经常使用 JPanel 先创建一个面板,然后在面板中添加组件并把面板添加到其他容器中。JPanel 面板默认使用的布局管理器是流式布局管理器,在同一个窗口中可以添加多个 JPanel 面板,每个面板采用不同的布局管理器,从而实现富于变化的界面。

在 Java 应用程序中,使用 JPanel 面板的基本步骤如下。

(1) 定义一个 JPanel 类的子类并实例化一个类对象。

JPanel 类提供了如下两种形式的构造方法。

- JPanel():创建一个布局管理器为 FlowLayout 的面板。
- JPanel(LayoutManager layout):创建一个布局管理器为 layout 的面板。

(2) 使用 getContentPane().add()方法将面板放置到窗口中。

## 四、JScrollPane 滚动面板

当某个界面中的组件较多或某个组件的内容较多时,由于屏幕大小的限制,因此不能在同一屏幕中显示界面中的全部组件,此时,可以使用带滚动功能的视图容器。

JScrollPane 类实现了一个带滚动条的面板,用于为不自带滚动条的组件添加滚动条。例如,通常将文本域组件 JTextArea 放置到滚动面板中:

```
JScrollPane scrollpane=new JScrollPane(new JTextArea());
```

在滚动面板中只可以添加一个组件,用户通过滑动滚动条来使用该组件。JScrollPane 类提供了一些方法用于设置滚动面板显示的组件,以及滚动条的显示策略,如表 5-2 所示。

表 5-2 JScrollPane 类的常用方法

| 方法 | 说明 |
| --- | --- |
| setViewportView(Component view) | 设置在滚动面板中显示的组件对象 |
| setHorizontalScrollBarPolicy(int policy) | 设置水平滚动条的显示策略 |
| setVerticalScrollBarPolicy(int policy) | 设置垂直滚动条的显示策略 |
| setWheelScrollingEnabled(boolean b) | 设置滚动条是否支持鼠标的滚轮 |

其中,滚动条的显示策略参数的取值为 JScrollPane 类中对应的如下静态常量。

- HORIZONTAL_SCROLLBAR_AS_NEEDED:值为 30,水平滚动条的默认显示策略,只在需要时显示。
- HORIZONTAL_SCROLLBAR_NEVER:值为 31,表示水平滚动条从不显示。
- HORIZONTAL_SCROLLBAR_ALWAYS:值为 32,表示水平滚动条一直显示。
- VERTICAL_SCROLLBAR_AS_NEEDED:值为 20,垂直滚动条的默认显示策略,只在需要时显示。
- VERTICAL_SCROLLBAR_NEVER:值为 21,表示垂直滚动条从不显示。
- VERTICAL_SCROLLBAR_ALWAYS:值为 22,表示垂直滚动条一直显示。

## 五、布局管理器

在图形用户界面中,每个组件在容器中都有具体的位置和大小。使用布局管理器可以

使容器中的组件按照指定的策略进行摆放，管理整个窗口的布局。不仅如此，如果改变容器的大小，布局管理器也可以准确地把组件放到指定的位置，从而有效地避免版面混乱。在 Java 中，使用 setLayout()方法设置容器布局。

Swing 提供了 5 种布局管理器：流式布局管理器（FlowLayout）、边界布局管理器（BorderLayout）、网格布局管理器（GridLayout）、卡片布局管理器（CardLayout）和网格包布局管理器（GridBagLayout）。这些布局管理器都是 java.awt 包中 LayoutManager 类的子类。每个容器在创建时都会使用一种默认的布局管理器，在程序中可以通过调用容器对象的 setLayout()方法设置布局管理器，通过布局管理器自动进行组件的布局管理。

### 1. 流式布局管理器

FlowLayout 被称为流式布局管理器，它是 JPanel 面板的默认布局管理器。FlowLayout 类提供了以下 3 种形式的构造方法用于创建布局管理器对象。

（1）FlowLayout()：创建一个居中对齐，水平和垂直间距均为 5 像素的布局管理器对象。

使用流式布局管理器布局的容器使用 add()方法将组件按照顺序添加到容器中，组件的大小为默认的最佳大小，按照加入的先后顺序从左向右排列，一行排满之后转到下一行继续从左向右排列，每行中的组件都居中排列。

> **注意**
>
> 对于使用流式布局管理器布局并添加到容器中的组件，不能调用 setSize(int x,int y)方法修改组件的大小，而应调用 setPreferredSize(Dimension preferredSize)方法。例如，下面的语句用于设置组件 label 的首选尺寸为宽 40 像素，高 20 像素：
> ```
> label.setPreferredSize(new Dimension(40,20));
> ```

流式布局管理器对象调用 setAlignment(int align)方法可以重新设置布局的对齐方式，其中，参数 align 的取值为 FlowLayout.LEFT、FlowLayout.CENTER、FlowLayout.RIGHT。

（2）FlowLayout(int align)：创建一个指定对齐方式的布局管理器对象。其中，参数 align 的取值为以下 3 个值之一，分别代表组件在每一行中左对齐、居中对齐和右对齐。

- FlowLayout.LEFT 或 0。
- FlowLayout.CENTER 或 1。
- FlowLayout.RIGHT 或 2。

（3）FlowLayout(int align,int hgap,int vgap)：创建一个对齐方式为 align，组件之间水平间距为 hgap 像素和垂直间距为 vgap 像素的布局管理器对象。

例如，下面的语句用于设置窗口使用流式布局管理器，其中的组件左对齐，组件之间的水平间距和垂直间距均为 15 像素：
```
setLayout(new FlowLayout(0,15,15));
```

### 2. 边界布局管理器

BorderLayout 被称为边界布局管理器，它是 JFrame 窗口的默认布局管理器。这种布局管理器把容器的布局分为 5 个区域，分别为 NORTH（北）、WEST（西）、CENTER（中）、EAST（东）和 SOUTH（南），中间区域最大，如图 5-3 所示。

BorderLayout 类提供了以下 2 个构造方法用于创建布局管理器对象。

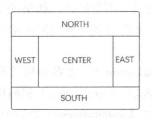

图 5-3 边界布局管理器的布局方式

（1）BorderLayout()：构造一个组件之间没有间距的边界布局管理器对象。

（2）BorderLayout(int hgap,int vgap)：构造一个边界布局管理器对象，组件之间的水平间距为 hgap 像素，垂直间距为 vgap 像素。

在设置容器使用边界布局管理器后，在容器中加入每个组件时都应该指明该组件放置的区域，具体区域由 BorderLayout 类中的静态常量 CENTER、NORTH、SOUTH、WEST、EAST 表示。例如，下面的语句使用 add()方法将一个组件添加到使用边界布局管理器布局的容器 c 的中间区域：

```
c.add(a,BorderLayout.CENTER);
```

由于添加到某个区域的组件将占据整个区域，因此每个区域只能放置一个组件，如果向某个已放置了组件的区域再放置一个组件，那么之前的组件将被后放入的组件替换。也就是说，使用边界布局管理器布局的容器最多只能添加 5 个组件，如果容器中需要添加 5 个以上的组件，就必须使用容器的嵌套或改用其他的布局策略。

在改变容器的大小时，NORTH 和 SOUTH 区域的高度不变，宽度被调整；WEST 和 EAST 区域的宽度不变，高度被调整；CENTER 区域会相应被调整。

### 3．网格布局管理器

GridLayout 被称为网格布局管理器，这种布局管理器的特点是将容器按照指定的行数和列数划分成大小相同的网格，组件被放置于这些划分出来的网格中，并且自动占据网格的整个区域。

GridLayout 类提供了以下 3 种形式的构造方法用于创建布局管理器对象。

（1）GridLayout()：创建具有默认值的网格布局管理器，即每个组件占据一行一列。

（2）GridLayout(int rows, int cols)：创建具有指定行数和列数的网格布局管理器。

（3）GridLayout(int rows, int cols, int hgap, int vgap)：创建具有指定行数、列数及组件水平和垂直间距的网格布局管理器。

> 提示
>
> 在（2）、（3）这两种形式的构造方法中，行数和列数中只能有一个参数可以为 0，表示一行或一列可以排列多个组件。

在设置容器使用网络布局管理器布局后，当调用容器中的 add()方法添加组件时，组件按照第一行第一列、第一行第二列、……、第一行最后一列、第二行第一列、……、最后一行第一列、……、最后一行最后一列的顺序排列。

### 4．卡片布局管理器

CardLayout 被称为卡片布局管理器，使用这种布局管理器的容器可以容纳多个组件，这些组件像一张张卡片一样被层叠放入容器中。最先被放入容器的是第一个组件（在最上面），依次向下排列。这种布局管理器的特点是在同一时刻容器只能显示其中的一个组件，并且被显示的组件占据容器的整个区域。

假设有一个容器 c，使用卡片布局管理器的步骤如下。

（1）调用 CardLayout 类的构造方法创建卡片布局管理器对象。例如：
`CardLayout card=new CardLayout();`
（2）调用容器的 setLayout()方法设置容器布局。例如：
`c.setLayout(card);`
（3）调用容器中的 add(String s, Component a)方法将组件 a 加入容器 c 中，并且指定显示该组件的代号 s。

组件的代号是一个字符串，与组件的名字没有必然联系，但是具有唯一性。

（4）使用 CardLayout 类的方法（见表 5-3）显示组件。

表 5-3  CardLayout 类的常用方法

| 方法 | 说明 |
| --- | --- |
| void first(Container c) | 显示容器 c 中的第一个组件 |
| void last(Container c) | 显示容器 c 中的最后一个组件 |
| void previous(Container c) | 显示当前显示的组件的前一个组件 |
| void next(Container c) | 显示当前显示的组件的下一个组件 |
| void show(Container c, String s) | 显示容器 c 中代号为 s 的组件。如果不存在，则不会发生任何操作 |

**5．网格包布局管理器**

GridBagLayout 通常被称为网格包布局管理器，是最灵活也是最复杂的一种布局管理器。它与卡片布局管理器类似，不同的是，它允许网格中的组件大小各不相同，而且允许一个组件跨越一个或者多个网格。

使用网络包布局管理器的步骤如下。

（1）创建网格包布局管理器对象并设置容器使用该布局管理器。例如：
```
GridBagLayout layout=new GridBagLayout();
container.setLayout(layout);
```
（2）创建 GridBagConstraints 布局约束对象并设置该对象的相关属性。例如：
```
GridBagConstraints constraints=new GridBagConstraints();
constraints.gridx=1;          //设置组件左上角所在网格的横向索引（即所在行）
constraints.gridy=1;          //设置组件左上角所在网格的纵向索引（即所在列）
constraints.gridheight=2;     //设置组件横向跨越的网格数
constraints.gridwidth=3;      //设置组件纵向跨越的网格数
```
这一步是使用网格包布局管理器的关键，即使用 GridBagConstraints 布局约束对象控制容器中每个组件的布局。

提示

如果将 GridBagConstraints 对象的属性 gridx 和 gridy 的值设置为 GridBagConstraints.RELATIVE，则表示当前组件紧跟在上一个组件之后。如果将属性 gridheight 和 gridwidth 的值设置为 GridBagConstraints.RELATIVE，则表示当前组件为所在行或列上的倒数第二个组件；属性的值设置为 GridBagConstraints.REMAINDER，则表示当前组件为所在行或列上的最后一个组件。

GridBagConstraints 对象可以被重复使用，只需要改变它的属性即可。

（3）调用网络包布局管理器对象的 setConstraints()方法建立 GridBagConstraints 对象和

受控组件之间的关联。例如：
```
layout.setConstraints(component, constraints);
```
（4）向容器中添加组件：
```
container.add(component);
```

#### 6. 自定义布局

如果不希望使用布局管理器对容器进行布局，则可以取消布局管理器，通过自定义组件的位置和大小来对容器进行布局。

自定义布局的步骤如下。

（1）调用容器中的 setLayout(null)方法取消布局管理器。

由于每个容器被创建后，都会有一个默认的布局管理器。例如，Window、Frame 和 Dialog 的默认布局管理器是 BorderLayout，JPanel 的默认布局管理器是 FlowLayout。因此，这一步操作很重要，用于告知编译器不再使用布局管理器。

（2）调用组件中的 Component.setBounds()方法设置每个组件的大小和位置。也可以调用容器中每个组件的 setSize()方法和 setLocation()方法分别设置组件的大小和位置。

## 任务三　使用常用组件

### 任务引入

通过学习任务二，小白学会了创建常用的容器，以及设置容器的布局方式。下面就可以在容器中添加各种常用的组件了。

### 知识准备

组件是应用程序界面的重要组成元素，丰富的组件构成了强大的软件开发资源。在程序开发过程中，根据不同的需求选择合适的组件是一项技术性很强的工作，它关系到应用程序界面的美观性、适用性、方便性和安全性。

### 一、标签组件

标签组件（JLabel）通过使用文本和图标提供提示信息，可以只显示其中之一，也可以同时显示两者。

JLabel 类提供了多种形式的构造方法，用于创建多种形式的标签，常用的构造方法如下。
- public JLabel()：创建一个不带图标和文本的标签。
- public JLabel(Icon icon)：创建一个带图标的标签。
- public JLabel(Icon icon, int align)：创建一个带图标的标签，图标的水平对齐方式为 align。

其中，参数 align 的取值为 JLabel 类中与水平布局方式有关的静态常量 LEFT、CENTER、

RIGHT。JLabel 类中与布局方式有关的静态常量如表 5-4 所示。

表 5-4 JLabel 类中与布局方式有关的静态常量

| 静态常量 | 常量值 | 说明 |
| --- | --- | --- |
| LEFT | 2 | 水平方向左对齐 |
| CENTER | 0 | 文本相对于图标水平居中对齐，或文本相对于图标垂直居中对齐 |
| RIGHT | 4 | 水平方向右对齐 |
| TOP | 1 | 文本显示在图标上方 |
| BOTTOM | 3 | 文本显示在图标下方 |

- public JLabel(String text, int align)：创建一个带文本的标签，文本水平对齐方式为 align。
- public JLabel(String text, Icon icon, int align)：创建一个带文本和图标的标签，标签内容的水平对齐方式为 align。

JLabel 类提供了一些用于设置标签的方法，如表 5-5 所示。

表 5-5 JLabel 类中用于设置标签的常用方法

| 方法 | 说明 |
| --- | --- |
| void setText(String text) | 设置标签显示的文本 |
| void setFont(Font font) | 设置标签文本的字体及大小 |
| void setHorizontalAlignment(int align) | 设置标签内容的水平对齐方式 |
| void setHorizontalTextPosition(int textPosition) | 设置标签文本相对于图标在水平方向上的位置 |
| void setVerticalTextPosition(int textPosition) | 设置标签文本相对于图标在垂直方向上的位置 |

在设置标签文本相对于图标的显示位置时，参数 textPosition 的取值为 JLabel 类中与垂直布局方式有关的静态常量 TOP、CENTER、BOTTOM，有关说明如表 5-4 所示。

如果要将一张图片显示在标签中，可以直接使用 Icon 接口和 ImageIcon 类。ImageIcon 类实现了 Icon 接口，可以根据现有图片创建图标。ImageIcon 类提供了多个构造方法用于创建 ImageIcon 对象，下面简要介绍几个常用的构造方法。

- public ImageIcon()：创建一个通用的 ImageIcon 对象。在后续的步骤中，需要使用该对象调用 setImage(Image image)方法设置图片。
- public ImageIcon(String filename)：直接从指定的图片源创建图标。
- public ImageIcon(String filename,String description)：从指定的图片源创建图标，同时为图标添加简短的描述。描述不会显示在图标上。
- public ImageIcon(URL location)：利用位于计算机网络上的图片文件创建图标。

如果要通过图片的名称创建图标，则需要将图片和相应的类文件放在同一路径下，否则将无法正常显示图片。

在创建图标后，就可以利用 setIcon()方法来为标签设置图标。

## 案例——创建带图标的标签

本案例将指定的图片转换为图标,创建一个带图标的标签。

(1)打开项目 SwingDemo,首先在项目中新建一个名为 FirstImageIcon 的类。然后在编辑器中导入包,继承 JFrame 类。接着定义有参构造方法创建一个窗口,在窗口中添加一个带图标的标签。最后编写 main()方法,实例化类对象。具体代码如下:

```java
import java.awt.Container;
import javax.swing.Icon;
import javax.swing.ImageIcon;
import javax.swing.JFrame;
import javax.swing.JLabel;

public class FirstImageIcon extends JFrame{
    public FirstImageIcon(String s) {
        this.setTitle(s);              //设置窗口标题
        Container cp =getContentPane();     //获取容器
        //创建标签,指定标签文本和显示位置
        JLabel label =new JLabel("ImageIcon Demo",JLabel.CENTER);
        Icon icon=new ImageIcon("src/color.jpg");   //从指定图片源创建图标
        label.setIcon(icon);            //为标签设置图标
        label.setHorizontalAlignment(0);    //设置标签文本相对于图标水平居中对齐
        cp.add(label);                  //在容器中添加标签
        setBounds(100,200,260,120);     //设置窗口位置和大小
        setVisible(true);               //设置窗口可见
        setDefaultCloseOperation(EXIT_ON_CLOSE);    //设置窗口关闭方式
    }
    public static void main(String[] args) {
        new FirstImageIcon("图标标签");     //实例化类对象
    }
}
```

本案例使用的图片文件与 FirstImageIcon.java 放置在同一路径下,在指定图片文件路径时使用了相对路径。读者需要注意的是,相对路径的起点是项目的根目录。

如果要使用 URL 获取图片路径创建图标,则可以使用如下语句:

```java
URL url =FirstImageIcon.class.getResource("color.jpg");
Icon icon=new ImageIcon(url);
```

第 1 行语句使用 java.lang.Class 类中的 getResource()方法获取图片文件的 URL 路径,采用的是相对于编译后的 FirstImageIcon 类文件的相对路径。此时,应将图片文件放置在 FirstImageIcon 类文件编译后的 class 文件所在的目录下。

(2)运行程序,即可在指定位置显示创建的窗口并在窗口中居中显示带图标的标签,如图 5-4 所示。

图 5-4 运行结果

## 二、文本组件

文本组件在实际项目开发中应用最广泛,尤其是文本框

与密码框组件。通过文本组件可以很轻松地处理单行文本、多行文本和密码文本。Swing 中的文本组件分为文本框组件（JTextField）、密码框组件（JPasswordField）和文本域组件（JTextArea）。

### 1．文本框组件（JTextField）

JTextField 类的对象用于实现一个文本框，文本框可以接收用户输入的单行文本。JTextField 类中常用的构造方法如下。

- public JTextField()：创建一个没有默认文本的文本框。在后续操作中可以使用 setText() 方法设置文本内容；使用 setColumns() 方法设置文本框内容最多可显示的列数。
- public JTextField(String text)：创建一个默认显示指定文本的文本框。
- public JTextField(int fieldwidth)：创建一个具有指定字符宽度（列数）的文本框。
- public JTextField(String text, int fieldwidth)：创建一个默认显示指定文本，且具有指定字符宽度的文本框。

例如，下面的语句创建了一个文本框，默认显示"输入姓名或昵称"，宽度为 20 像素：

```
JTextField textfield = new JTextField("输入姓名或昵称",20);
```

在创建文本框后，可以通过 setHorizontalAlignment(int alignment) 方法设置文本框内容的水平对齐方式，该方法的入口参数取值为 JTextField 类中有关对齐方式的静态常量，如表 5-6 所示。

表 5-6　JTextField 类中有关对齐方式的静态常量

| 静态常量 | 常量值 | 说明 |
| --- | --- | --- |
| LEFT | 2 | 左对齐 |
| CENTER | 0 | 居中对齐 |
| RIGHT | 4 | 右对齐 |

### 2．密码框组件（JPasswordField）

JPasswordField 类的对象用于实现一个密码框，密码框可以接收用户输入的单行文本，创建、使用方法与文本框基本相同。唯一不同的是，在密码框中并不显示用户输入的真实信息，而是显示指定的回显字符作为占位符。

密码框默认显示的回显字符为*，在创建密码框后，可以使用 setEchoChar(char c) 方法修改回显字符。例如，下面的代码创建了一个宽度为 20 像素的密码框，并将回显字符修改为"#"：

```
JPasswordField password = new JPasswordField(20);
Password.setEchoChar('#');
```

在输入密码后，使用 getPassword() 方法可以获取用户输入的密码。例如，下面的代码用于获取用户输入的密码并将其转换为字符串：

```
char ch[] = password.getPassword();        //获取密码，存储在字符数组中
String pwd = new String(ch);               //将字符数组转换为字符串
```

### 3．文本域组件（JTextArea）

JTextArea 类的对象用于实现一个文本域，文本域可以接收用户输入的多行文本。JTextArea

类中常用的构造方法如下。
- public JTextArea()：创建一个空文本域。在后续操作中可以使用 setText()方法设置默认文本内容；使用 setRows()方法和 setColumns()方法分别设置文本域内容最多可显示的行数和列数。
- public JTextArea(String text)：创建一个默认显示指定文本的文本域。
- public JTextArea(int rows, int columns)：创建一个具有指定行数和列数的空文本域。
- public JTextArea(Document doc)：创建一个具有指定文档模型的空文本域。
- public JTextArea(Document doc, String Text, int rows, int columns)：创建一个具有指定文档模型、默认文本、指定行数和列数的文本域。

在创建文本域后，可以使用 setLineWrap(boolean wrap)方法设置文本域中的文本是否自动换行，参数 wrap 的默认值为 false（不自动换行）。使用 append(String str)方法在文本域中文本的末尾追加文本 str。使用 insert(String str, int pos)方法将指定文本 str 插入 pos 指定的位置。

例如，下面的代码创建了一个 5 行 20 列的文本域，文本自动换行并将文本域添加到滚动面板中：

```
JTextArea textarea = new JTextArea(5,20);
textarea.setLineWrap(true);
JScrollPane scrollpane = new JScrollPane();
Scrollpane.setViewportView(textarea);         //将文本域添加到滚动面板中
Dimension dim = textarea.getPreferredSize();  //获取文本域的首选大小
Scrollpane.setSize(dim.width, dim.height);    //设置滚动面板的大小
```

## 三、按钮组件

按钮组件是图形用户界面中较常见的组件，用于触发特定动作。Swing 提供了多种按钮组件，如 JButton、JRadioButton 和 JCheckBox。本节简要介绍这 3 种按钮组件的功能和使用方法。

### 1．普通按钮组件（JButton）

JButton 是最简单的按钮组件，只是在按下和释放两个状态之间切换。开发者可以通过编写程序捕获按下并释放的动作执行一些操作，从而完成按钮组件和用户之间的交互。

JButton 类的主要构造方法有以下几种形式。
- public JButton()：创建一个按钮。后续可以使用 setText()方法和 setIcon()方法分别设置按钮的标签文本和图标。
- public JButton(String text)：创建一个带标签文本的按钮。
- public JButton(Icon icon)：创建一个带图标的按钮。
- public JButton(String text, Icon icon)：创建一个带标签文本和图标的按钮。

在创建带图标的按钮时，可以为按钮的不同状态设置不同的图片。例如，使用 setIcon (Icon defaultIcon)方法设置按钮在默认状态下显示的图片，使用 setRolloverIcon(Icon rolloverIcon)方法设置当鼠标指针移到按钮上方时显示的图片，使用 setPressedIcon(Icon pressedIcon)方法设

置按钮被按下时显示的图片。

### 案例——创建动态图片按钮

本案例制作一个在不同状态下显示不同图片的动态按钮。

（1）打开项目 SwingDemo，首先在项目中新建一个名为 ImageButton 的类。然后在编辑器中导入包，继承 JFrame 类。接着定义无参构造方法创建一个窗口，在窗口中添加一个只显示图片的按钮。最后编写 main()方法，实例化类对象。具体代码如下：

```java
import javax.swing.ImageIcon;
import javax.swing.JButton;
import javax.swing.JFrame;

public class ImageButton extends JFrame{
    public ImageButton() {
        super();                                      //继承父类的构造方法
        setTitle("按钮组件实例");                       //设置窗口的标题
        setBounds(100, 100, 280, 150);                //设置窗口的显示位置及大小
        setDefaultCloseOperation(EXIT_ON_CLOSE);      //设置窗口关闭方式
        JButton button = new JButton();               //创建按钮对象
        button.setContentAreaFilled(false);           //不填充按钮的内容区域
        button.setBorderPainted(false);               //不绘制按钮的边框
        //设置在默认状态下按钮显示的图片
        button.setIcon(new ImageIcon("src/img/default.gif"));
        //设置当鼠标指针移到按钮上方时显示的图片
        button.setRolloverIcon(new ImageIcon("src/img/over.gif"));
        //设置按钮被按下时显示的图片
        button.setPressedIcon(new ImageIcon("src/img/press.gif"));
        button.setBounds(10, 10, 106, 47);            //设置按钮的显示位置及大小
        getContentPane().add(button);                 //将按钮添加到窗口中
    }
    public static void main(String[] args) {
        ImageButton frame = new ImageButton();        //实例化窗口
        frame.setVisible(true); //设置窗口可见，默认为不可见
    }
}
```

在上述代码中，setContentAreaFilled()方法用于设置是否填充按钮的内容区域，默认为填充。本案例将该方法的参数值设置为 false，表示不填充，即将按钮的背景颜色设置为透明。setBorderPainted()方法用于设置是否绘制按钮的边框，默认为绘制。在本案例中，按钮的显示图片被放在项目根目录的 src\img 文件夹中。

（2）运行程序，即可在指定位置创建一个窗口并默认在窗口的中间区域显示按钮，如图 5-5（a）所示。将鼠标指针移到按钮图片上，显示第 2 张图片，如图 5-5（b）所示。在按钮上按下鼠标左键，显示第 3 张图片，如图 5-5（c）所示。

### 2．单选按钮组件（JRadioButton）

JRadioButton 类的对象用于实现一个单选按钮，可以单独使用，也可以与 ButtonGroup

类配合使用。在单独使用时，该单选按钮有被选中和取消选中两种状态，在默认情况下是取消选中状态。在与 ButtonGroup 类配合使用时，就组成了一个单选按钮组，当其中某个单选按钮被选中后，ButtonGroup 类将自动完成单选按钮组中其他按钮的取消选中操作。

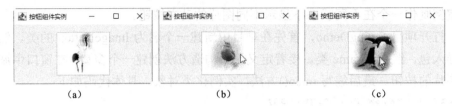

图 5-5　运行结果

JRadioButton 类的常用构造方法有以下几种形式。
- public JRadioButton()：创建一个没有标签文本，并且初始状态为取消选中的单选按钮。
- public JRadioButton(Icon icon)：创建一个没有标签文本，并且初始状态为取消选中的带图标的单选按钮。
- public JRadioButton(Icon icon, boolean selected)：创建一个没有标签文本、有指定图标且初始状态为被选中的单选按钮。
- public JRadioButton(String text)：创建一个有指定标签文本，并且初始状态为取消选中的单选按钮。
- public JRadioButton(String text, Icon icon)：创建一个有指定标签文本和图标，并且初始状态为取消选中的单选按钮。
- public JRadioButton(String text, Icon icon, boolean selected)：创建一个有指定标签文本、图标且初始状态为被选中的单选按钮。

JRadioButton 类还提供了一系列用来设置单选按钮的方法，例如，setText(String text)方法用于设置单选按钮的标签文本；setSelected(boolean b)方法用于设置单选按钮的初始状态。

在实际应用中，通常会将多个单选按钮组合在一起进行互斥性选择，例如，选择性别、单选题选项等。此时可以使用 ButtonGroup 类，在实例化类对象之后，使用 add()方法将所有的单选按钮添加到单选按钮组中。

例如，下面的代码用于将 3 个单选按钮添加到一个单选按钮组中：

```
//实例化 3 个单选按钮 rb1、rb2 和 rb3
JRadioButton rb1=new JRadioButton("A");
JRadioButton rb2=new JRadioButton("B");
JRadioButton rb3=new JRadioButton("C");
//创建一个单选按钮组 group
ButtonGroup group=new ButtonGroup();
//将单选按钮添加到单选按钮组中
group.add(rb1);
group.add(rb2);
group.add(rb3);
```

### 3．复选框组件（JCheckBox）

JCheckBox 类的对象用于实现一个复选框。与单选按钮类似，复选框也用于提供多项选择，单击该组件可在被勾选和取消勾选两种状态之间进行切换。不同的是，在一组复选框组件中，每个复选框都提供被勾选与取消勾选两种状态，允许用户进行多项选择。

JCheckBox 类的常用构造方法有以下几种形式。
- public JCheckBox()：创建一个没有标签文本和图标，并且初始状态为取消勾选的复选框。
- public JCheckBox(Icon icon, boolean checked)：创建一个没有标签文本，有指定图标且初始状态为被勾选的复选框。
- public JCheckBox(String text, boolean checked)：创建一个没有图标，有指定标签文本且初始状态为被勾选的复选框。

例如，下面的代码创建了 3 个复选框，初始状态为只有第 2 个复选框被勾选：

```
JCheckBox cb1 = new JCheckBox("sing");
JCheckBox cb2 = new JCheckBox("dance", true);
JCheckBox cb3 = new JCheckBox("swimming");
```

JRadioButton 类还提供了用来设置复选框的方法，例如，setText(String text)方法用于设置复选框的标签文本；在默认情况下复选框为取消勾选状态，当将 setSelected(boolean b) 方法的参数值设置为 true 时，复选框为被勾选状态。

## 四、列表组件

Swing 提供了两种列表组件：下拉列表框组件（JComboBox）与列表框组件（JList）。这两种列表组件都以列表的形式提供一系列的预设列表项，对于需要美化版面和空间有限的界面来说，是非常不错的选择。

### 1．下拉列表框组件（JComboBox）

JComboBox 类的对象用于实现一个下拉列表框，在初始状态下隐藏所有的列表项，在被单击时通过下拉列表方式显示列表项，一般只允许用户选择一个可选项。此外，Swing 中的下拉列表框还可以被设置为可编辑状态，此时用户可以在下拉列表框中编辑列表项。

在创建下拉列表框时，可以通过构造方法 JComboBox(Object[] items)直接初始化该下拉列表框包含的选项。

JComboBox 类的常用构造方法有以下几种形式。
- public JComboBox()：创建具有默认列表项的下拉列表框。
- public JComboBox(ComboBoxModel dataModel)：创建一个下拉列表框，其中的列表项为数据模型 dataModel 中的数据。

提示

ComboBoxModel 是一个代表一般模型的接口，该接口可以通过自定义一个类实现，并且必须实现以下两个方法。
- public void setSelectedltem(Object item)：设置下拉列表框中的被选项。
- public Object getSelectedltem()：返回下拉列表框中的被选项。

在实现 ComboBoxModel 接口时，还可以继承 AbstractListModel 类，以便使用其中两个操作下拉列表框的重要方法：getsize()方法，用于返回下拉列表框的长度；getElementAt(int index)方法，用于返回指定索引处的值。

- public JComboBox(Object[] arrayData)：创建列表项为数组 arrayData 中的元素的下拉列表框。
- public JComboBox(Vector vector)：创建列表项为可增长的对象数组 vector 中的元素的下拉列表框。Vector 中包含可以使用整数索引进行访问的组件。

在构造 JComboBox 对象后，利用下面几个常用的方法可以方便地操作下拉列表框。

- addItem(Object obj)：添加列表项。
- getItemCount()：返回列表项的个数。
- removeItem(Object obj)：移除列表项。
- setEditable(Boolean flag)：设置列表项是否可编辑。

### 2．列表框组件（JList）

JList 类的对象用于实现一个列表框，通过类似浏览器滚动条的滚动框显示列表项，允许用户选择一个或多个列表项。

 提示

列表框不自带滚动条，在窗口中占据固定的大小，如果需要使列表框具有滚动效果，可以将列表框放入滚动面板中。

在创建列表框时，需要通过构造方法 JList(Object[] list)直接初始化该列表框包含的列表项。JList 类的常用构造方法有以下几种形式。

- public void JList()：创建一个空的列表框。在后续的操作中可以使用 setListData()方法设置列表项。
- public void JList(Object[] listData)：创建列表项为指定数组 listData 中的元素的列表框。
- public void JList(Vector listData)：创建列表项为 Vector 类对象中的元素的列表框。
- public void JList(ListModel dataModel)：创建列表项为 ListModel 模型中的数据的列表框。

ListModel 是 Swing 包中的一个接口，提供了获取列表框属性的方法。在实际应用中，通常自定义一个类来继承实现该接口的抽象类 AbstractListModel，以便使用该类提供的 getElementAt()方法和 getSize()方法。其中，getElementAt()方法根据列表项的索引获取列表框中的值；getSize()方法用于获取列表框中的列表项个数。

由 JList 类的对象实现的列表框有 3 种选取模式，可以通过 JList 类的 setSelectionMode(int selectionMode)方法设置，该方法的参数取值可以为 ListSelectionModel 类中与选取模式有关的静态常量，这 3 种选取模式包括 1 种单选模式和 2 种多选模式，如表 5-7 所示。

表 5-7　ListSelectionModel 类中与选取模式有关的静态常量

| 静态常量 | 常量值 | 说明 |
| --- | --- | --- |
| SINGLE_SELECTION | 0 | 只允许选取一个列表项 |
| SINGLE_INTERVAL_SELECTION | 1 | 只允许选取连续的多个列表项 |
| MULTIPLE_INTERVAL_SELECTION | 2 | 可选取连续或不连续的多个列表项 |

在选中列表框中的某一个列表项时，按住 Shift 键并单击列表框中的其他列表项，可以选中当前列表项和其他列表项之间的所有列表项；也可以按住 Ctrl 键并单击列表框中的单个列表项进行多选。

## 案例——制作汽车品牌占有率调查表

本案例利用 JFrame 窗口、布局管理器和几种常用的组件制作一个汽车品牌占有率调查表。

（1）在 Eclipse 中新建一个名为 CarMark 的 Java 项目，在其中添加一个名为 Questionnaire 的类，设计图形用户界面。具体代码如下：

```java
import java.awt.*;
import javax.*;

public class Questionnaire extends JFrame{
    private static final long serialVersionUID = 1L;
    //声明组件
    JLabel title;
    JLabel[] labels;
    JTextField name;
    JRadioButton rb1,rb2;
    ButtonGroup gender;
    JPasswordField tel;
    JComboBox<String> mark;
    JPanel panel;
    JButton button;
    public Questionnaire() {         //定义构造方法
        init();                      //调用成员方法初始化窗口及组件
        setDefaultCloseOperation(EXIT_ON_CLOSE);     //设置窗口关闭方式
    }
    void init() {
        Container content = this.getContentPane();   //将窗口转换为容器
        //创建调查表标题标签并设置显示文本、字体、字号、对齐方式和颜色
        title = new JLabel("");
        title.setText("汽车品牌占有率调查表");
        title.setFont(new Font("黑体",Font.BOLD,20));
        title.setHorizontalAlignment(0);             //居中对齐
        title.setForeground(Color.RED);
        content.add(title,BorderLayout.NORTH);//将标题添加到窗口的指定区域
        panel =new JPanel();                         //创建面板
        content.add(panel,BorderLayout.CENTER);//将面板添加到窗口的指定区域
        //设置面板采用流式布局管理器并指定组件之间的水平和垂直间距
        panel.setLayout(new FlowLayout(FlowLayout.LEFT,60,10));
        labels = new JLabel[4];  //使用数组存放调查表正文的标签组件
        String[] names = {"姓名","性别","电话","汽车品牌"};//定义标签显示的文本
        //利用 for 循环创建标签并设置显示的文本
        for(int i=0;i<labels.length;i++) {
```

```java
            labels[i]=new JLabel("");
            labels[i].setText(names[i]);
        }
        //添加"姓名"标签及文本框
        panel.add(labels[0]);
        name = new JTextField(16);
        panel.add(name);
        //添加"性别"标签及单选按钮
        panel.add(labels[1]);
        rb1 = new JRadioButton("男");
        rb2 = new JRadioButton("女");
        //将单选按钮添加到单选按钮组中
        gender=new ButtonGroup();
        gender.add(rb1);
        gender.add(rb2);
        panel.add(rb1);
        panel.add(rb2);
        panel.add(labels[2]);
        //添加"电话"标签及密码框
        tel = new JPasswordField(16);
        tel.setEchoChar('*');              //设置密码框的回显字符
        panel.add(tel);
        //添加"汽车品牌"标签及下拉列表框
        panel.add(labels[3]);
        String[] mark_list = {"国产","法系","德系","日系","美系"};
        mark = new JComboBox<String>(mark_list);
        panel.add(mark);
        button=new JButton("提交");    //创建按钮
        button.setPreferredSize(new Dimension(180,30));       //设置按钮大小
        panel.add(button);
    }
}
```

（2）在项目中添加一个名为 Test 的类，用于实例化 Questionnaire 类对象并设置窗口属性。具体代码如下：

```java
public class Test {
    public static void main(String[] args) {
        Questionnaire win = new Questionnaire();//实例化类对象 win
        win.setTitle("汽车品牌占有率调查表");       //设置窗口标题
        win.setBounds(100, 100, 320, 300);        //设置窗口的显示位置及大小
        win.setResizable(false);                  //不能修改窗口大小
        win.setVisible(true);                     //设置窗口可见
    }
}
```

（3）运行程序，即可创建如图 5-6（a）所示的图形用户界面。在文本框和密码框中可以输入文本，在单选按钮组中可以选中某个单选按钮，在下拉列表框中可以选择某个列表项，如图 5-6（b）所示。

项目五　图形用户界面设计

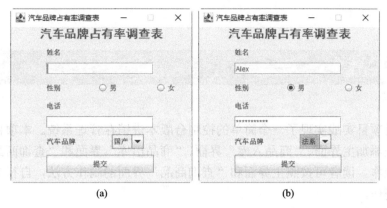

图 5-6　运行结果

由于没有为按钮添加事件处理方法，因此在单击按钮时没有响应。

> 🔍 提示
>
> 　　上面的案例设计的都是一些比较简单的图形用户界面，在设计一些较复杂的图形用户界面时，读者可以在 Eclipse 中安装 WindowBuilder 插件，对窗口进行可视化创建和操作，从而快速实现程序的开发。
> 　　在 Eclipse 中选择 Help→Eclipse Marketplace 命令打开对话框，搜索 WindowBuilder，选择需要的安装包，单击 Install 按钮即可进行安装。有关 WindowBuilder 插件的使用方法，读者可参阅相关资料。

# 项目总结

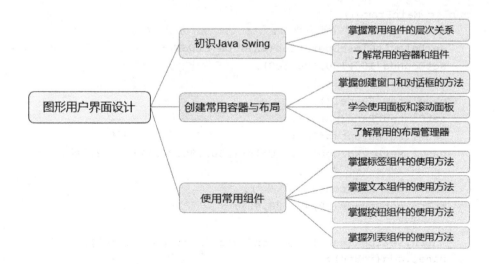

# 项目实战

项目四的项目实战实现了一个简单的控制台版本进销存管理系统。本项目实战将为进销存管理系统添加主界面、"商品入库"界面、"商品出库"界面和"查询商品"界面，以方便用户的操作。读者可按照主界面和"查询商品"界面的制作方法，自行完成"修改商品"界面的制作。

（1）复制并粘贴"进销存管理系统 V4.0"，在 Copy Project 对话框中修改项目名称为"进销存管理系统 V5.0"，单击 Copy 按钮关闭对话框。

（2）在 ui 包中新建一个名为 MainFrame 的类，该类继承自 JFrame 类，用于实现进销存管理系统的主界面。具体代码如下：

```java
package ui;

import java.awt.Color;
import javax.swing.ImageIcon;
import javax.swing.JButton;
import javax.swing.JFrame;
import javax.swing.JPanel;

public class MainFrame extends JFrame{
    private static final long serialVersionUID = 1L;
    //创建组件
    private JPanel panel;
    private JButton inBtn,outBtn,modifyBtn,searchBtn,exitBtn;
    //定义主界面的构造方法
    public MainFrame() {
        setTitle("进销存管理系统");                    //设置窗口标题
        setDefaultCloseOperation(EXIT_ON_CLOSE);      //设置窗口关闭方式
        setBounds(100,100,400,300);                   //设置窗口位置和大小
        setResizable(false);                          //设置不可修改窗口大小
        panel=new JPanel();                           //创建面板
        setContentPane(panel);                        //将面板设置为容器
        panel.setLayout(null);                        //使用绝对布局定位组件
        panel.setBackground(new Color(150,180,240));  //设置面板的背景颜色
        //创建"商品入库"按钮
        inBtn=new JButton("商品入库");
        inBtn.setBounds(50,40,120,40);                //设置按钮位置和大小
        //设置按钮图标
        inBtn.setIcon(new ImageIcon("src/img/inbound.jpg"));
        panel.add(inBtn);                             //在容器中添加按钮
        //创建"商品出库"按钮
        outBtn=new JButton("商品出库");
```

```
        outBtn.setBounds(220,40,120,40);
        outBtn.setIcon(new ImageIcon("src/img/outbound.jpg"));
        panel.add(outBtn);
        //创建"修改商品"按钮
        modifyBtn=new JButton("修改商品");
        modifyBtn.setBounds(50,120,120,40);
        modifyBtn.setIcon(new ImageIcon("src/img/modify.jpg"));
        panel.add(modifyBtn);
        //创建"查询商品"按钮
        searchBtn=new JButton("查询商品");
        searchBtn.setBounds(220,120,120,40);
        searchBtn.setIcon(new ImageIcon("src/img/search.jpg"));
        panel.add(searchBtn);
        //创建"退出"按钮
        exitBtn=new JButton("退出");
        exitBtn.setBounds(150,200,100,30);
        panel.add(exitBtn);
        setVisible(true);          //设置窗口可见
    }
    public static void main(String[] args) {
        new MainFrame();          //实例化类对象
    }
}
```

（3）运行程序，即可预览创建的主界面，如图 5-7 所示。

图 5-7　主界面

（4）在 ui 包中新建一个名为 InFrame 的类，该类继承自 JFrame 类，用于实现"商品入库"界面。具体代码如下：

```
package ui;

import java.awt.Color;
import java.awt.Font;
import javax.swing.JButton;
import javax.swing.JFrame;
import javax.swing.JLabel;
import javax.swing.JPanel;
import javax.swing.JTextField;
import javax.swing.border.EmptyBorder;
```

```java
public class InFrame extends JFrame{
    private static final long serialVersionUID = 1L;
    //创建组件
    private JPanel panel;
    private JLabel nameLabel,numLabel,priceLabel;
    private Font font;                    //字体
    private JTextField name,num,price;
    private JButton okBtn,exitBtn;
    //定义"商品入库"界面的构造方法
    public InFrame() {
        this.setTitle("商品入库");            //设置窗口标题
        setDefaultCloseOperation(EXIT_ON_CLOSE);      //设置窗口关闭方式
        setBounds(100,100,400,300);       //设置窗口位置和大小
        setResizable(false);              //设置不可修改窗口大小
        panel=new JPanel();               //创建面板
        // 设置面板四周的内边界
        panel.setBorder(new EmptyBorder(5,5,5,5));
        setContentPane(panel);            //将面板设置为容器
        panel.setLayout(null);            //使用绝对布局定位组件
        //设置面板的背景颜色
        panel.setBackground(new Color(150,180,240));
        //商品名称
        nameLabel = new JLabel("商品名称: ");
        font=new Font("黑体",Font.PLAIN,14);
        nameLabel.setFont(font);
        nameLabel.setBounds(60,39,120,25);
        panel.add(nameLabel);
        name = new JTextField();
        name.setColumns(10);              //设置文本框内容最多可显示的列数
        name.setBounds(160,36,150,30);
        panel.add(name);
        //入库数量
        numLabel = new JLabel("入库数量: ");
        numLabel.setFont(font);
        numLabel.setBounds(60,96,120,25);
        panel.add(numLabel);
        num = new JTextField();
        num.setColumns(10);
        num.setBounds(160,93,150,30);
        panel.add(num);
        //入库价格
        priceLabel = new JLabel("入库价格: ");
        priceLabel.setFont(font);
        priceLabel.setBounds(60,153,120,25);
        panel.add(priceLabel);
        price = new JTextField();
        price.setColumns(10);
```

```java
            price.setBounds(160,150,150,30);
            panel.add(price);
            //创建"提交"按钮
            okBtn=new JButton("提交");
            okBtn.setBounds(70,206,93,35);         //设置按钮位置和大小
            panel.add(okBtn);                       //在容器中添加按钮
            //创建"返回"按钮
            exitBtn=new JButton("返回");
            exitBtn.setBounds(197,206,93,35);//设置按钮位置和大小
            panel.add(exitBtn);                     //在容器中添加按钮
            setVisible(true);                       //设置窗口可见
      }
      public static void main(String[] args) {
            new InFrame();                          //实例化类对象
      }
}
```

（5）运行程序，即可预览"商品入库"界面，如图 5-8 所示。用同样的方法，在 ui 包中添加一个名为 OutFrame 的类，创建"商品出库"界面，如图 5-9 所示。

图 5-8　"商品入库"界面　　　　　　　图 5-9　"商品出库"界面

（6）在 ui 包中新建一个名为 SearchFrame 的类，该类继承自 JFrame 类，用于创建"查询商品"界面。具体代码如下：

```java
package ui;

import java.awt.Color;
import java.awt.Font;
import javax.swing.JButton;
import javax.swing.JFrame;
import javax.swing.JLabel;
import javax.swing.JPanel;
import javax.swing.JScrollPane;
import javax.swing.JTextArea;
import javax.swing.JTextField;
import javax.swing.border.EmptyBorder;

public class SearchFrame extends JFrame{
    private static final long serialVersionUID = 1L;
```

```java
        //创建组件
    private JPanel panel;
    private JLabel nameLabel;
    private Font font;
    private JTextField name;
    private JButton searchBtn,exitBtn;
    private JTextArea show;
    private JScrollPane scroll;
    //定义"查询商品"界面的构造方法
    public SearchFrame() {
        setTitle("查询商品");              //设置窗口标题
        setDefaultCloseOperation(EXIT_ON_CLOSE);     //设置窗口关闭方式
        setBounds(100,100,400,300); //设置窗口位置和大小
        setResizable(false);              //设置不可修改窗口大小
        panel=new JPanel();               //创建面板
        panel.setBorder(new EmptyBorder(5,5,5,5));
        setContentPane(panel);            //将面板设置为容器
        panel.setLayout(null);            //使用绝对布局定位组件
        panel.setBackground(new Color(150,180,240));//设置面板的背景颜色
        //商品名称
        nameLabel = new JLabel("商品名称: ");
        font=new Font("黑体",Font.PLAIN,14);
        nameLabel.setFont(font);
        nameLabel.setBounds(60,26,120,25);
        panel.add(nameLabel);
        name = new JTextField();
        name.setColumns(10);
        name.setBounds(160,26,150,30);
        panel.add(name);
        //创建"查找"按钮
        searchBtn=new JButton("查找");
        searchBtn.setBounds(70,80,93,35);      //设置按钮位置和大小
        panel.add(searchBtn);                  //在容器中添加按钮
        //创建"返回"按钮
        exitBtn=new JButton("返回");
        exitBtn.setBounds(197,80,93,35);       //设置按钮位置和大小
        panel.add(exitBtn);                    //在容器中添加按钮
        //创建滚动文本域
        show=new JTextArea(6,20);
        scroll = new JScrollPane(show);
        scroll.setBounds(40,130,300,120);
        //自动显示垂直滚动条
        scroll.setVerticalScrollBarPolicy(JScrollPane.VERTICAL_SCROLLBAR_ALWAYS);
        panel.add(scroll);
        setVisible(true);       //设置窗口可见
    }
```

```
    public static void main(String[] args) {
        new SearchFrame();        //实例化类对象
    }
}
```

（7）运行程序，即可预览"查询商品"界面，如图 5-10 所示。

图 5-10　"查询商品"界面

如果要美化图形用户界面，则可以使用 javax.swing 包提供的 LookAndFeel（界面外观）机制或第三方的外观样式套件（如 BeautyEye）批量管理 Swing 组件的外观。有兴趣的读者可以参阅相关资料自行完成。

# 项目六

# GUI 事件处理

### 思政目标

- 把握客观事物之间的联系和发展规律,具体问题具体分析
- 遵循实事求是的原则,构建包含防范机制、处置机制和善后机制在内的教育应对机制

### 技能目标

- 掌握 Java 的事件处理模式
- 能够对 GUI 中的常用事件进行处理

### 项目导读

在创建图形用户界面之后,由于组件本身并没有实现任何交互功能,因此要实现用户与应用程序之间的交互,还要处理组件上发生的事件。Java 采用事件处理机制响应用户的操作请求,即程序的运行过程是不断地响应各种事件的过程,事件的产生顺序决定了程序的运行顺序。事件处理是图形用户界面应用程序的重要组成部分,是实现各种操作功能的重要途径。

## 任务一 认识事件处理机制

### 任务引入

小白创建了进销存管理系统的操作界面,但单击界面上的按钮没有反应。在 Java 中,应该怎样响应用户在图形用户界面上的操作呢?

### 知识准备

事件处理机制专门用于响应用户的操作,例如,响应用户的单击鼠标、按下键盘按键、选择列表项等操作。

### 一、事件处理模式

在学习如何使用事件处理机制之前,读者必须先掌握事件对象、事件源、事件监听器、事件处理器这 4 个概念。

#### 1. 事件对象

事件对象是指被封装在 GUI 组件上发生的特定事件的类对象,通常是用户进行的一次操作,如单击按钮、按下按键等。

#### 2. 事件源

能够产生事件的对象都可以被称为事件源,通常是产生事件的组件,如文本框、按钮、下拉列表等。

#### 3. 事件监听器

事件监听器负责监听事件源上发生的事件,以便对发生的事件进行处理。事件源通过调用相应的方法将某个对象注册为自己的监听器。例如,对于文本框,这个方法是 addActionListener(监听器)。对于注册了监听器的文本框,在文本框获得输入焦点后,如果用户按 Enter 键,Java 运行环境就会自动用 ActionEvent 类创建一个对象,即发生了 ActionEvent 事件。

也就是说,事件源注册监听器之后,相应的操作就会导致相应事件的发生,并通知监听器,监听器就会做出相应的处理。

#### 4. 事件处理器

事件处理器负责接收事件对象并进行相应的处理,被包含在一个事件监听器类中。事件监听器实质上就是一个实现特定类型监听器接口的类对象,为了处理事件源发生的事件,监听器这个对象会自动调用一个方法来处理事件。那么监听器应该调用哪个方法呢？创建监听器对象的类必须声明实现相应的接口，即必须在类中重写接口中的所有方法，那么当事件源发生事件时，监听器就会自动调用被类重写的接口方法来处理事件。

上述 4 个概念彼此之间联系紧密，在整个事件处理机制中起着非常重要的作用。事件处理模式如图 6-1 所示。

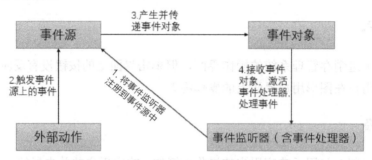

图 6-1　事件处理模式

综上所述，在程序中，如果要实现事件的监听处理机制，首先要定义一个实现了事件监听器接口的类，如 ActionListener 类。然后通过 addActionListener()方法为事件源注册事件监听器对象。当事件源发生事件并产生事件对象时，便会触发事件监听器对象，由事件监听器调用相应的方法来处理相应的事件。

## 二、事件类

当发生一个事件时，该事件用一个事件对象表示，事件对象有对应的事件类。不同的事件类用于描述不同类型的用户操作。Java 将事件分为两个类别：低级事件与语义事件。绝大部分与图形用户界面有关的事件类位于 java.awt.event 包中，其中包含了各种事件类别的监听接口。javax.swing.event 包中定义了与 Swing 事件有关的事件类，如 DocumentEvent 类。

### 1．低级事件

低级事件是指来自键盘、鼠标和与窗口操作有关的事件。例如，关闭窗口、移动鼠标、获取焦点或按下按键等。java.awt.event 包中包含的低级事件类如表 6-1 所示。

表 6-1　低级事件类

| 事件类名 | 说明 |
| --- | --- |
| FocusEvent | 在组件获得或失去焦点时产生的事件 |
| MouseEvent | 在鼠标被按下、释放、拖动、移动时产生的事件 |
| KeyEvent | 在键盘按键被按下或释放时产生的事件 |
| WindowEvent | 在对窗口进行操作时产生的事件 |

### 2．语义事件

语义事件是指与组件有关的事件。例如，单击按钮、在文本框中输入文本、拖动滚动条、选择列表项等。java.awt.event 包中常用的语义事件类如表 6-2 所示。

表 6-2　常用的语义事件类

| 事件类名 | 说明 |
|---|---|
| ActionEvent | 在单击按钮、选择菜单项或在文本框中按 Enter 键时产生的事件 |
| AdjustmentEvent | 在调节滚动条位置时产生的事件 |
| ItemEvent | 在勾选复选框、单击列表框或选择列表项时产生的事件 |

## 任务二　常用事件

### 任务引入

在大致了解了事件处理机制之后，勤于思考的小白又有了新的问题：Java 提供了哪些事件，这些事件如何被触发呢？如果只需要对某个事件监听类中的单个事件进行监听，而不关心其他的事件，能不能只重写该事件对应的方法呢？

### 知识准备

Java 中的常用事件包括窗口事件、鼠标事件、键盘事件、动作事件、选项事件、焦点事件和文档事件。每个事件类都对应一个监听器接口，比如窗口事件类 WindowEvent 对应 WindowListener 接口。一个类只要实现了某个监听器接口就是一个监听器类了。监听器接口中定义了一些方法，监听器类可以具体实现其中部分或所有的方法，事件被触发后就会执行这些方法。

### 一、窗口事件（WindowEvent）

大部分图形用户界面应用程序需要使用 Window（窗口）对象作为最外层的容器，Window 对象可以发生窗口事件，如窗口的打开、关闭、激活、图标化（最小化）等。

在应用程序中，触发窗口事件时，WindowEvent 类将创建一个窗口事件对象。该对象调用 getWindow()方法获取发生窗口事件的窗口。在对窗口事件进行处理时，首先需要定义一个实现了 WindowListener 接口的类作为窗口监听器，然后通过 addWindowListener()方法将窗口对象与窗口监听器进行绑定。

WindowListener 接口中有 7 个不同的方法，如表 6-3 所示，当不同的窗口事件被触发时，窗口监听器调用不同的方法。

表 6-3　WindowListener 接口中的方法

| 方法 | 说明 |
|---|---|
| public void windowActivated(WindowEvent e) | 在窗口从非激活状态到激活状态时被调用 |
| public void windowDeactivated(WindowEvent e) | 在窗口从激活状态到非激活状态时被调用 |

续表

| 方法 | 说明 |
| --- | --- |
| public void windowClosing(WindowEvent e) | 在窗口被关闭时被调用 |
| public void windowClosed(WindowEvent e) | 在窗口被关闭后被调用 |
| public void windowIconified(WindowEvent e) | 在窗口被图标化时被调用 |
| public void windowDeiconified(WindowEvent e) | 在窗口从最小化恢复到正常状态时被调用 |
| public void windowOpened(WindowEvent e) | 在窗口被打开时被调用 |

### 案例——关闭窗口

本案例创建一个窗口，首先定义一个实现了 WindowListener 接口的类作为窗口监听器，然后为"关闭"按钮注册监听器，实现单击"关闭"按钮关闭窗口的操作。通过本案例，帮助读者进一步了解事件处理模式和流程。

（1）在 Eclipse 中新建一个名为 EventDemo 的 Java 项目。在其中添加一个名为 MyWindowListener 的类，作为窗口监听器。

（2）在编辑器中编写代码，使 MyWindowListener 类实现 WindowListener 接口，并实现 windowClosing()方法，用于处理关闭窗口的事件。具体代码如下：

```java
import java.awt.Window;
import java.awt.event.WindowEvent;
import java.awt.event.WindowListener;

public class MyWindowListener implements WindowListener{
    public void windowClosing(WindowEvent e) {//实现windowClosing()方法
        Window win = e.getWindow();
        win.setVisible(false);
        win.dispose();
    }
    //实现WindowListener接口中的其他方法，由于本案例不需要使用这些方法，因此将方法
    //体留空
    public void windowActivated(WindowEvent e) { }
    public void windowClosed(WindowEvent e) { }
    public void windowDeactivated(WindowEvent e) { }
    public void windowDeiconified(WindowEvent e) { }
    public void windowIconified(WindowEvent e) { }
    public void windowOpened(WindowEvent e) { }
}
```

上述代码在实现 WindowListener 接口的 windowClosing()方法时，首先接收事件源产生并传递的 WindowEvent 类创建的窗口事件对象 e，该对象调用 getWindow()方法获取发生窗口事件的窗口。然后调用 setVisible()方法设置窗口不可见，调用 dispose()方法释放窗口资源。

这里要再次提醒读者注意的是，在实现 WindowListener 接口时，应实现该接口中的所有方法，即使不需要所有的方法也要实现。本案例将其他方法体留空，但不能省略。

（3）在项目中添加一个名为 WindowEventTest 的类，用于将窗口对象与窗口监听器进行绑定，并测试触发窗口事件的效果。

（4）在类中编写 main()方法，首先实例化一个 JFrame 窗口对象，并设置窗口位置、大

小及可见，然后为窗口对象注册监听器。具体代码如下：

```
import javax.swing.JFrame;

public class WindowEventTest {
    public static void main(String[] args) {
        JFrame jf = new JFrame("测试窗口事件");   //建立新窗口
        jf.setBounds(300,200,260, 160);        //设置窗口位置和大小
        jf.setVisible(true);                    //设置窗口可见
        //为窗口对象注册监听器
        MyWindowListener wl = new MyWindowListener();
        jf.addWindowListener(wl);
    }
}
```

在上述代码中，使用 addWindowListener()方法为事件源 jf 注册事件监听器对象 wl。当事件源发生事件时，便会触发事件监听器对象，由事件监听器调用相应的方法来处理相应的事件。

（5）运行 WindowEventTest.java，即可在指定位置弹出一个指定大小的窗口，如图 6-2 所示。单击窗口右上角的"关闭"按钮 ×，即可关闭窗口。

图 6-2　运行结果

> **提示**
>
> 本案例没有指定"关闭"按钮的处理方式。在默认情况下会调用 setDefaultCloseOperation (HIDE_ON_CLOSE)方法，调用任意已注册的 WindowListener 对象后隐藏当前窗口。

## 二、事件适配器（Adapter）

在 Java 中，当一个类实现一个接口时，必须实现接口中所有的方法，即使当前操作不需要其中的某些方法也需要实现，这在实际应用中会导致代码冗余，如上述案例所示。在这种情况下，可以使用适配器的设计模式代替接口来处理事件，在实现类和接口之间增加一个过渡的抽象类，子类继承抽象类就可以根据自己的需要重写需要的方法。

Java 在事件处理中提供了很多 Adapter（适配器）类，当处理事件的接口多于一个方法时，Java 相应地就提供一个 Adapter 类，方便用户进行事件处理的实现，如 WindowAdapter、MouseAdapter、KeyAdapter、MouseMotionAdapter 和 FocusAdapter 类。由于适配器已经实现了相应的接口，因此，可以使用适配器的子类创建的对象作为监听器，在子类中重写所需要的接口方法。

● **案例——使用 WindowAdapter 类**

本案例基于上一个案例进行修改，使用适配器作为监听器，只处理窗口关闭事件，因此只需重写 windowClosing()方法即可。

（1）打开 MyWindowListener.java，引入 java.awt.event.WindowAdapter 包，修改代码，使 MyWindowListener 类继承 WindowAdapter 类，并删除其他重写的方法。修改后的代码

如下：

```java
import java.awt.Window;
import java.awt.event.WindowAdapter;
import java.awt.event.WindowEvent;
//继承 WindowAdapter 类
public class MyWindowListener extends WindowAdapter{
    //重写 windowClosing()方法
    public void windowClosing(WindowEvent e) {
        Window win = e.getWindow();
        win.setVisible(false);
        win.dispose();
    }
}
```

（2）运行 WindowEventTest.java，即可在指定位置弹出一个指定大小的窗口。单击窗口右上角的"关闭"按钮×，即可关闭窗口。

## 三、鼠标事件（MouseEvent）

在图形用户界面中，用户会经常使用鼠标在组件上进行各种操作，例如，按下、释放、单击、拖动等，这些操作被定义为鼠标事件。几乎所有的组件都可以产生鼠标事件，在 JDK 中使用 MouseEvent 类表示鼠标事件，该事件会使 MouseEvent 类自动创建一个事件对象。

在处理鼠标事件时，首先需要实现 MouseListener 接口（或 MouseMotionListener 接口）或继承适配器 MouseAdapter 类（或 MouseMotionAdapter 类）来定义监听器，然后调用 addMouseListener()方法（或 addMouseMotionListener()方法）将监听器绑定到事件源上。

MouseListener 接口中有 5 个不同的方法，如表 6-4 所示，用于处理 5 种不同的鼠标事件。

表 6-4　MouseListener 接口中的方法

| 方法 | 说明 |
| --- | --- |
| public void mousePressed(MouseEvent e) | 在组件上按下鼠标时被调用 |
| public void mouseReleased(MouseEvent e) | 在组件上释放鼠标时被调用 |
| public void mouseEntered(MouseEvent e) | 在鼠标指针移入组件时被调用 |
| public void mouseExited(MouseEvent e) | 在鼠标指针离开组件时被调用 |
| public void mouseClicked(MouseEvent e) | 在组件上单击鼠标时被调用 |

鼠标的操作分为单击、双击、右击和中键（滚轮）单击。MouseEvent 类中定义了很多常量和方法来标识鼠标的操作，如表 6-5 所示。

表 6-5　MouseEvent 类中定义的常用方法和常量

| 方法和常量 | 说明 |
| --- | --- |
| public int getButton() | 以数字形式返回被按下的鼠标键 |
| public int getClickCount() | 获取鼠标被单击的次数 |
| public static String getMouseModifiersText (int modifiers) | 以字符串形式返回被按下的鼠标键信息 |

续表

| 方法和常量 | 说明 |
| --- | --- |
| public int getX() | 获取鼠标指针在事件源坐标系中的 $x$ 轴坐标 |
| public int getY() | 获取鼠标指针在事件源坐标系中的 $y$ 轴坐标 |
| public static final int BUTTON1 | 表示鼠标左键的常量 |
| public static final int BUTTON2 | 表示鼠标滚轮的常量 |
| public static final int BUTTON3 | 表示鼠标右键的常量 |

MouseMotionListener 接口中有 2 个方法，如表 6-6 所示，分别用于处理拖动鼠标和移动鼠标事件。

表 6-6　MouseMotionListener 接口中的方法

| 方法 | 说明 |
| --- | --- |
| public void mouseDragged(MouseEvent e) | 在拖动鼠标时（不必在事件源上）被调用 |
| public void mouseMoved(MouseEvent e) | 在事件源上移动鼠标时被调用 |

## 案例——拖动按钮

本案例定义一个继承 JFrame 类并实现 MouseMotionListener 接口的类作为窗口监听器，通过重写 mouseDragged()方法，实现使用鼠标拖动按钮的操作。

（1）在项目 EventDemo 中新建一个名为 MyMouseListener 的类，该类继承自 JFrame 类，并实现 MouseMotionListener 接口。

（2）首先在类中定义 MyMouseListener 类的构造方法，构造一个窗口和按钮，并为按钮注册鼠标事件监听器。然后重写 mouseDragged()方法和 mouseMoved()方法。具体代码如下：

```java
import java.awt.Component;
import java.awt.event.MouseEvent;
import java.awt.event.MouseMotionListener;
import javax.swing.JButton;
import javax.swing.JFrame;

public class MyMouseListener extends JFrame implements MouseMotionListener{
private static final long serialVersionUID = 1L;
  public JButton button=new JButton("拖动我");        //实例化按钮
  int x,y,a,b;                                        //坐标变量
  public MyMouseListener() {
     super.setTitle("测试鼠标事件");                   //设置窗口标题
     super.setLayout(null);                           //取消使用布局管理器
     button.setSize(80,40);                           //设置按钮尺寸
     super.add(button);                               //在窗口中添加按钮
     button.addMouseMotionListener(this);             //注册鼠标事件监听器
     super.setBounds(300,300,280,160);                //设置窗口位置和大小
     super.setVisible(true);                          //设置窗口可见
  }
  public void mouseDragged(MouseEvent e) {            //重写拖动鼠标触发的鼠标事件
```

```java
            Component com = null;                    //定义一个空组件
            //判断事件源是否为组件实例,如果是,则赋值给com
            if (e.getSource() instanceof Component) {
                com = (Component) e.getSource();
                //获取组件的坐标
                a = com.getBounds().x;
                b = com.getBounds().y;
                //获取鼠标指针在事件源中的坐标
                x= e.getX();
                y= e.getY();
                //将按钮坐标设置为鼠标指针所在位置
                a=a+x;
                b=b+y;
                com.setLocation(a,b);
            }
        }
        public void mouseMoved(MouseEvent e) {     }
    }
```

上面的代码在重写 mouseDragged()方法时,通过坐标变换实现按钮的拖动。首先获取按钮的左上角在容器坐标系中的坐标(a,b),再获取鼠标指针在按钮坐标系中的坐标(x,y),最后计算得到鼠标指针在容器坐标系中的位置,并设置按钮的位置。

(3)在项目 EventDemo 中新建一个名为 MouseEventTest 的类,在该类中定义 main()方法,实例化 MyMouseListener 类对象。具体代码如下:

```java
public class MouseEventTest {
    public static void main(String[] args) {
        new MyMouseListener();
    }
}
```

(4)运行 MouseEventTest.java,弹出如图 6-3 所示的窗口。在按钮上按下鼠标左键并拖动,即可将按钮拖动到鼠标指针所在位置,如图 6-4 所示。

图 6-3 运行窗口

图 6-4 拖动按钮

## 四、键盘事件(KeyEvent)

键盘操作是常用的用户与网页进行交互的方式,如按下、释放或敲击键盘按键等,这些操作被定义为键盘事件。JDK 使用 KeyEvent 类表示键盘事件,处理 KeyEvent 事件的监听器对象需要实现 KeyListener 接口或者继承 KeyAdapter 类。

KeyListener 接口中有 3 个方法,如表 6-7 所示。

表 6-7　KeyListener 接口中的方法

| 方法 | 说明 |
| --- | --- |
| public void keyPressed(KeyEvent e) | 在组件处于激活状态，按下键盘上某个按键时被调用 |
| public void KeyReleased(KeyEvent e) | 在释放键盘上被按下的按键时被调用 |
| public void keyTyped(KeyEvent e) | 在按键被按下又被释放时被调用 |

　　键盘上的按键众多，KeyEvent 类提供了一些方法用于标识触发键盘事件的按键，如表 6-8 所示。

表 6-8　KeyEvent 类的常用方法

| 方法 | 说明 |
| --- | --- |
| public char getKeyChar() | 返回触发 keyTyped 事件的字符 |
| public int getKeyCode() | 返回输入字符的键码 |
| public static String getKeyText(int keycode) | 返回描述指定键码的信息 |

　　关于键盘按键的键码，读者可参见 API 文档中 KeyEvent 类的说明。

● **案例——字符转码**

　　本案例通过监听键盘事件，在文本域中输出被按下的按键及对应的键码。

　　（1）在项目 EventDemo 中新建一个名为 MyKeyListener 的类。该类继承自 JFrame 类并实现 KeyListener 接口。

　　（2）引入包，在类中定义一个标签、一个文本框、一个带滚动条的文本域。首先编写构造方法创建窗口，然后重写 KeyListener 接口中的 keyPressed()方法和 keyReleased()方法。具体代码如下：

```java
import java.awt.FlowLayout;
import java.awt.event.KeyEvent;
import java.awt.event.KeyListener;
import javax.swing.JFrame;
import javax.swing.JLabel;
import javax.swing.JScrollPane;
import javax.swing.JTextArea;
import javax.swing.JTextField;

public class MyKeyListener extends JFrame implements KeyListener{
    private static final long serialVersionUID = 1L;
    //创建标签和文本框
    JLabel label_1 = new JLabel("字符: ");
    JTextField text =new JTextField(6);
    //创建带滚动条的文本域
    JTextArea code =new JTextArea(6,20);
    JScrollPane sp =new JScrollPane(code);
    //定义构造方法
    public MyKeyListener() {
        super.setTitle("测试键盘事件");           //设置窗口标题
        super.setBounds(300,300,280,200);        //设置窗口位置和大小
```

```java
        super.setLayout(new FlowLayout());        //设置布局管理器
        //在窗口中添加组件
        super.add(label_1);
        super.add(text);
        text.addKeyListener(this);                //注册监听器
        //设置总是显示滚动条
        sp.setVerticalScrollBarPolicy(JScrollPane.VERTICAL_SCROLLBAR_ALWAYS);
        super.add(sp);
        code.setEditable(false);                  //设置文本域不可编辑
        //设置窗口可见和关闭方式
        super.setVisible(true);
        super.setDefaultCloseOperation(EXIT_ON_CLOSE);
    }
    //重写keyPressed()方法，在文本域中输出被按下的按键及对应的键码
    public void keyPressed(KeyEvent e) {
        code.append("键"+e.getKeyChar()+"的键码是: "+e.getKeyCode()+"\n");
    }
    //重写keyReleased()方法，在按键被释放时清空文本框
    public void keyReleased(KeyEvent e) {
        text.setText(null);
    }
    public void keyTyped(KeyEvent e) { }
}
```

（3）在项目中新建一个名为 KeyEventTest 的类，在该类中定义 main()方法，实例化 MyKeyListener 类对象。具体代码如下：

```java
public class KeyEventTest {
    public static void main(String[] args) {
        new MyKeyListener();
    }
}
```

（4）运行 KeyEventTest.java，弹出窗口。按下键盘上的按键，即可在文本域中看到输出的键码信息，如图 6-5 所示。

图 6-5　输出结果

## 五、动作事件（ActionEvent）

动作事件不代表某个具体的动作，只是表示一个动作发生了，不关心使用哪种方式触发的事件。例如，当触发一个按钮的单击事件时，可以使用鼠标单击，也可以按键盘上的 Enter 键，不管使用哪种方式，只要对按钮进行了操作，就都会触发动作事件。JDK 使用

ActionEvent 类表示动作事件，文本框、按钮、菜单项、密码框和单选按钮都是 ActionEvent 事件的事件源，触发 ActionEvent 事件。

在处理动作事件时，首先需要实现 ActionListener 接口定义监听器，然后调用 addActionListener()方法将实现 ActionListener 接口的类的实例注册为事件源的监听器。

ActionListener 接口中只定义了一个方法 public void actionPerformed(ActionEvent e)，在发生操作时被调用。ActionEvent 类的常用方法如表 6-9 所示。

表 6-9　ActionEvent 类的常用方法

| 方法 | 说明 |
| --- | --- |
| public Object getSource() | 返回产生这个事件的事件源 |
| public String getActionCommand() | 返回与此动作相关的命令字符串 |

### 案例——字母大小写转换

本案例通过监听文本框和按钮的动作事件，将文本框中输入的字符的小写字母全部转换为大写字母后，在文本域中输出。

（1）在项目 EventDemo 中新建一个名为 MyActionListener 的类。该类继承自 JFrame 类并实现 ActionListener 接口。

（2）引入包，在类中定义一个文本框、一个按钮和一个带滚动条的文本域。首先编写构造方法创建窗口，然后重写 ActionListener 接口中的 actionPerformed()方法。具体代码如下：

```java
import java.awt.FlowLayout;
import java.awt.event.ActionEvent;
import java.awt.event.ActionListener;
import javax.swing.JButton;
import javax.swing.JFrame;
import javax.swing.JScrollPane;
import javax.swing.JTextArea;
import javax.swing.JTextField;

public class MyActionListener extends JFrame implements ActionListener{
    private static final long serialVersionUID = 1L;
    //创建文本框和按钮
    JTextField text =new JTextField(20);
    JButton button = new JButton("转换");
    //创建带滚动条的文本域
    JTextArea show =new JTextArea(6,25);
    JScrollPane sp =new JScrollPane(show);
    public MyActionListener() {
        super.setTitle("测试动作事件");
        super.setBounds(300,300,320,200);           //设置窗口位置和大小
        super.setLayout(new FlowLayout());          //设置布局管理器
        //在窗口中添加组件
        super.add(text);
```

```java
            text.addActionListener(this);          //注册监听器
            button.addActionListener(this);        //注册监听器
            super.add(button);
            //设置总是显示滚动条
            sp.setVerticalScrollBarPolicy(JScrollPane.VERTICAL_SCROLLBAR_ALWAYS);
            super.add(sp);
            show.setEditable(false);               //设置文本域不可编辑
            //设置窗口可见和关闭方式
            super.setVisible(true);
            super.setDefaultCloseOperation(EXIT_ON_CLOSE);
    }
    public void actionPerformed(ActionEvent e) {
        String str_in= text.getText();             //获取文本框中输入的字符
        String str_out= str_in.toUpperCase();//将字符中的小写字母转换为大写字母
        show.append(str_in+"大写: "+str_out+"\n"); //将转换结果追加到文本域中
    }
}
```

（3）在项目中新建一个名为 ActionEventTest 的类，在该类中定义 main()方法，实例化 MyActionListener 类对象。具体代码如下：

```java
public class ActionEventTest {
    public static void main(String[] args) {
        new MyActionListener();
    }
}
```

（4）运行 ActionEventTest.java，弹出如图 6-6（a）所示的窗口。首先在文本框中输入字符，然后按 Enter 键，或单击"转换"按钮，即可在文本域中看到转换为大写字母的字符，如图 6-6（b）所示。

图 6-6　运行结果

## 六、选项事件（ItemEvent）

在应用程序中，勾选复选框或取消勾选复选框，就会触发选项事件。JDK 使用 ItemEvent 类表示选项事件。除了复选框，下拉列表框、菜单项等组件都可以触发 ItemEvent 事件。

在处理选项事件时，首先需要实现 ItemListener 接口定义监听器，然后调用 addItemListener()方法将实现 ItemListener 接口的类的实例注册为事件源的监听器。

ItemListener 接口中只有一个方法 public void itemStateChanged(ItemEvent e)，在选择项

发生改变时被调用。

ItemEvent 类的常用方法如表 6-10 所示。

表 6-10 ItemEvent 类的常用方法

| 方法 | 说明 |
| --- | --- |
| public Object getSource() | 返回产生这个事件的事件源 |
| public Object getItem() | 返回受事件影响的对象 |
| public int getStateChange() | 返回状态更改的类型，值为常量。SELECTED 值为 1，表示选择项发生改变；DESELECTED 值为 2，表示选择项未发生改变 |
| public String paramString() | 返回标识此事件的参数字符串，常用于调试程序 |

## 案例——录入用户信息

本案例通过监听下拉列表框的 ItemEvent 事件和按钮的 ActionEvent 事件，将用户输入、选择的信息在文本域中输出。

（1）在项目 EventDemo 中新建一个名为 UserInfo 的类，该类继承自 JFrame 类。使用网格包布局管理器（GridBagLayout）排列组件，制作图形用户界面。具体代码如下：

```java
import java.awt.GridBagConstraints;
import java.awt.GridBagLayout;
import java.awt.Insets;
import javax.swing.ButtonGroup;
import javax.swing.JButton;
import javax.swing.JComboBox;
import javax.swing.JFrame;
import javax.swing.JLabel;
import javax.swing.JRadioButton;
import javax.swing.JScrollPane;
import javax.swing.JTextArea;
import javax.swing.JTextField;

public class UserInfo extends JFrame{
    //创建组件
    JLabel label = new JLabel("用户名: ");
    JTextField name = new JTextField(10);
    JRadioButton rb1 = new JRadioButton("男");
    JRadioButton rb2 = new JRadioButton("女");
    //创建一个单选按钮组 gender，用于管理单选按钮
    ButtonGroup gender=new ButtonGroup();
    //创建下拉列表框
    JLabel label_edu = new JLabel("学历: ");
    String[] edu_list = {"本科","大专","硕士","博士","其他"};
    JComboBox<String> edu = new JComboBox<String>(edu_list);
    //创建按钮和带滚动条的文本域
    JButton button=new JButton("确定");
    JTextArea show = new JTextArea(5,20);
    JScrollPane sp =new JScrollPane(show);
```

```java
    //定义构造方法
    public UserInfo() {
        super.setTitle("测试选项事件");           //设置窗口标题
        super.setBounds(300,300,300,300);       //设置窗口位置和大小
        init();            //调用成员方法初始化图形用户界面
    }
    void init() {
        //定义监听器类，实现ItemListener接口，用于监听下拉列表框的选项事件
        MyItemListener select = new MyItemListener();
        //定义监听器类，实现ActionListener接口，用于监听按钮的动作事件
        PrintListener submit = new PrintListener();
        //调用监听器类中的成员方法，传递组件参数
        select.setJComboBox(edu);
        select.setButton(submit);
        submit.setJTextField(name);
        submit.setJTextArea(show);
        submit.setRadioButtons(rb1,rb2);
        //创建网格包布局管理器
        GridBagLayout layout=new GridBagLayout();
        super.setLayout(layout);
        //在窗口中添加组件
        super.add(label);
        super.add(name);
        gender.add(rb1);
        gender.add(rb2);
        super.add(rb1);
        super.add(rb2);
        super.add(label_edu);
        super.add(edu);
         //设置总是显示滚动条
        sp.setVerticalScrollBarPolicy(JScrollPane.VERTICAL_SCROLLBAR_ALWAYS);
        super.add(sp);
        edu.addItemListener(select);            //注册监听器
        super.add(button);
        super.add(label_edu);
        super.add(edu);
        super.add(button);
        button.addActionListener(submit);       //注册监听器
        //使用网格包布局管理器排列组件
        GridBagConstraints constraints=new GridBagConstraints();
        constraints.gridx=0; //起始点为第1列
        constraints.gridy=0; //起始点为第1行
        layout.setConstraints(label, constraints);
        constraints.gridx=1; //起始点为第2列
        constraints.gridy=0; //起始点为第1行
        layout.setConstraints(name, constraints);
        constraints.gridx=1;
```

```java
            constraints.gridy=1;
        layout.setConstraints(rb1, constraints);
        constraints.gridx=2;
        constraints.gridy=1;
        layout.setConstraints(rb2, constraints);
        constraints.gridx=0;
        constraints.gridy=2;
        layout.setConstraints(label_edu, constraints);
        constraints.gridx=1;
        constraints.gridy=2;
        layout.setConstraints(edu, constraints);
        constraints.gridx=1; //起始点为第2列
        constraints.gridy=3; //起始点为第4行
        constraints.insets=new Insets(10,0,0,0); //设置组件上方留白
        layout.setConstraints(button, constraints);
        constraints.gridx=0; //起始点为第1列
        constraints.gridy=4; //起始点为第5行
        constraints.gridwidth=3;     //占据3列
        constraints.insets=new Insets(10,0,0,0); //设置组件上方留白
        layout.setConstraints(sp, constraints);
        //设置窗口可见和关闭方式
        super.setVisible(true);
        super.setDefaultCloseOperation(EXIT_ON_CLOSE);
    }
}
```

（2）在项目中添加一个名为 MyItemListener 的类，该类作为下拉列表框组件的监听器类，实现 ItemListener 接口。具体代码如下：

```java
import java.awt.event.ItemEvent;
import java.awt.event.ItemListener;
import javax.swing.JComboBox;

public class MyItemListener implements ItemListener{
    //定义变量，用于传递组件参数
    JComboBox<String> choice;
    PrintListener output;
    public void setJComboBox(JComboBox<String> box) {
        choice = box;
    }
    public void setButton(PrintListener submit) {
        output = submit;
    }
    //实现 itemStateChanged()方法
    public void itemStateChanged(ItemEvent e) {
        String edu = choice.getSelectedItem().toString();
        output.setEdu(edu);
    }
}
```

（3）在项目中添加一个名为 PrintListener 的类，该类作为按钮组件的监听器类，实现 ActionListener 接口。具体代码如下：

```java
import java.awt.event.ActionEvent;
import java.awt.event.ActionListener;
import javax.swing.JRadioButton;
import javax.swing.JTextArea;
import javax.swing.JTextField;

public class PrintListener implements ActionListener{
    JTextField name;
    JTextArea output;
    JRadioButton rb1,rb2;
    String edu;
    public void setJTextField(JTextField txt) {
        name = txt;
    }
    public void setRadioButtons(JRadioButton rb_m,JRadioButton rb_w) {
        rb1 = rb_m;
        rb2 = rb_w;
    }
    public void setJTextArea(JTextArea area) {
        output = area;
    }
    public void setEdu(String s) {
        edu = s;
    }
    //实现actionPerformed()方法，获取图形用户界面信息并输出
    public void actionPerformed(ActionEvent e) {
        output.append("用户名: "+name.getText()+"\n");
        //判断单选按钮的选中状态并输出对应的按钮标签
        if(rb1.isSelected())
            output.append("性别: "+rb1.getText()+"\n");
        else if(rb2.isSelected())
            output.append("性别: "+rb2.getText()+"\n");
        output.append("学历: "+edu+"\n");
    }
}
```

（4）在项目中添加一个名为 ItemEventTest 的测试类，编写 main()方法实例化 UserInfo 类对象，测试界面效果。具体代码如下：

```java
public class ItemEventTest {
    public static void main(String[] args) {
        new UserInfo();
    }
}
```

（5）运行 ItemEventTest.java，即可弹出图形用户界面。首先在文本框中输入字符串，选中某个单选按钮，在下拉列表框中选择某个列表项，然后单击"确定"按钮，即可在界

面下方的文本域中显示用户输入、选择的信息，如图 6-7 所示。

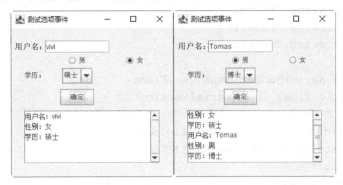

图 6-7　运行结果

## 七、焦点事件（FocusEvent）

FocusEvent 类表示焦点事件，每个 GUI 组件都能作为焦点事件的事件源，也就是每个组件在获得焦点或者失去焦点时都会产生焦点事件。例如，将焦点移出文本框，或者将焦点返回文本框等。

在处理焦点事件时，首先需要实现 FocusListener 接口定义监听器，然后调用 addFocusListener()方法将实现 FocusListener 接口的类的实例注册为事件源的监听器。

FocusListener 接口中有 2 个方法，用于处理焦点改变的事件，如表 6-11 所示。

表 6-11　FocusListener 接口中的方法

| 方法 | 说明 |
| --- | --- |
| public void focusGained(FocusEvent e) | 在组件焦点从无到有时被调用 |
| public void focusLost(FocusEvent e) | 在组件焦点从有到无时被调用 |

通过单击组件，该组件可以获得输入焦点，同时其他组件将变成无输入焦点。也可调用 public boolean requestFocusInWindow()方法使组件获得输入焦点。

焦点事件有持久性和暂时性两个级别。当焦点直接从一个组件移到另一个组件时，会发生持久性焦点变更事件；如果失去焦点则是暂时性的，例如，在窗口被拖放时会失去焦点，而拖放结束后就会自动恢复焦点，这就是暂时性焦点变更事件。利用 FocusEvent 类中的 public boolean isTemporary()方法可以返回焦点变更的级别，返回 true 表示暂时性的，返回 false 表示持久性的。

### ● 案例——输入序列号

本案例通过监听文本框的焦点事件，模拟某些软件输入序列号。要在 3 个文本框中依次输入序列号，每个文本框中只能输入 4 个字符，多出 4 个字符时光标自动定位到下一个文本框中。

（1）在项目 EventDemo 中新建一个名为 SerialNumber 的类，该类继承自 JFrame 类。使用流式布局管理器（FlowLayout）排列组件，制作图形用户界面。具体代码如下：

```
import java.awt.FlowLayout;
```

```java
import javax.swing.JButton;
import javax.swing.JFrame;
import javax.swing.JLabel;
import javax.swing.JTextField;

public class SerialNumber extends JFrame{
    private static final long serialVersionUID = 1L;
    //声明窗口组件：3个文本框、2个标签和1个按钮
    JTextField text[] = new JTextField[3];
    JLabel label[] = new JLabel[2];
    JButton button;
    FListener focus;                          //声明监听器
    //定义构造方法，初始化图形用户界面
    public SerialNumber() {
        setTitle("测试焦点事件");                //设置窗口标题
        setBounds(300,300,300,120);           //设置窗口位置和大小
        setLayout(new FlowLayout());          //设置窗口布局
        focus = new FListener();              //创建监听器对象
        //创建文本框和标签组件，并为每个文本框注册监听器
        for (int i=0;i<3;i++) {
            text[i] = new JTextField(6);
            text[i].addFocusListener(focus);
            text[i].addKeyListener(focus);
            add(text[i]);
            if (i<2) {
                label[i]= new JLabel("-");
                add(label[i]);
            }
        }
        button = new JButton("确定");
        add(button);
        //设置窗口可见及关闭方式
        setVisible(true);
        setDefaultCloseOperation(EXIT_ON_CLOSE);
    }
}
```

（2）在项目中添加一个名为 FListener 的类，实现 FocusListener 接口和 KeyListener 接口。在类中重写 focusGained()方法和 keyPressed()方法，分别用于处理文本框获得焦点的事件和在文本框中输入字符的事件。具体代码如下：

```java
import java.awt.event.FocusEvent;
import java.awt.event.FocusListener;
import java.awt.event.KeyEvent;
import java.awt.event.KeyListener;
import javax.swing.JTextField;

public class FListener implements FocusListener,KeyListener{
    public void focusGained(FocusEvent e) {
```

```java
            JTextField txt = (JTextField)e.getSource();   //文本框获取事件源
            txt.setText(null);      //如果文本框获得焦点，则清空文本框
        }
        public void focusLost(FocusEvent e) {    }
        public void keyPressed(KeyEvent e) {
            JTextField txt = (JTextField)e.getSource();   //文本框获取事件源
            int len = txt.getText().length();
            if(len>=3)              //如果达到指定长度，就将焦点转移到下一个组件中
                txt.transferFocus();
        }
        public void keyReleased(KeyEvent e) {}
        public void keyTyped(KeyEvent e) {}
}
```

（3）在项目中添加一个名为 FocusEventTest 的测试类，编写 main()方法实例化 SerialNumber 类对象，测试界面效果。具体代码如下：

```java
public class FocusEventTest {
    public static void main(String[] args) {
        new SerialNumber ();
    }
}
```

（4）运行 FocusEventTest.java，即可弹出图形用户界面，焦点默认位于第 1 个文本框中，如图 6-8（a）所示。在第 1 个文本框中输入的字符达到 4 个时，光标自动转移到第 2 个文本框中，依次类推，如图 6-8（b）所示。

图 6-8　运行结果

## 八、文档事件（DocumentEvent）

DocumentEvent 类用于处理文档事件。能够产生文档事件的事件源有文本框（JTextField）、密码框（JPasswordField）、文本域（JTextArea），但这些组件不能直接触发文档事件。用户在进行文本编辑操作时，文本内容发生变化，使得这些组件所维护的文档模型中的数据发生变化，从而触发文档事件。也就是说，是文本编辑组件所维护的文档触发的文档事件。组件对象调用 getDocument()方法可以获取文本域所维护的文档。

在处理文档事件时，首先需要实现 DocumentListener 接口定义监听器，然后调用 addDocumentListener()方法将实现 DocumentListener 接口的类的实例注册为事件源的监听器。

DocumentListener 接口被包含在 javax.swing.event 包中，定义了 3 个方法，用于处理文档内容发生改变的事件，如表 6-12 所示。

表 6-12　DocumentListener 接口中的方法

| 方法 | 说明 |
| --- | --- |
| public void changedUpdate(DocumentEvent e) | 在文本域的内容发生改变时被调用 |
| public void removeUpdate(DocumentEvent e) | 在删除文本域中的内容时被调用 |
| public void insertUpdate(DocumentEvent e) | 在文本域中插入内容时被调用 |

### ● 案例——实时排序

本案例通过监听文本域所维护的文档模型中的数据的焦点事件，对输入的字符串进行实时排序。

（1）在项目 EventDemo 中新建一个名为 SortString 的类，该类继承自 JFrame 类。使用流式布局管理器（FlowLayout）排列组件，制作图形用户界面。具体代码如下：

```java
import java.awt.FlowLayout;
import javax.swing.JFrame;
import javax.swing.JScrollPane;
import javax.swing.JTextArea;

public class SortString extends JFrame{
    private static final long serialVersionUID = 1L;
    JTextArea input,output;
    DocListener textChanged;
    public SortString() {
        init();              //调用成员方法初始化界面
        setTitle("测试文档事件");
        setBounds(300,300,500,240);      //设置窗口位置和大小
        //设置窗口可见及关闭方式
        setVisible(true);
        setDefaultCloseOperation(EXIT_ON_CLOSE);
    }
    public void init(){
        setLayout(new FlowLayout());     //设置布局管理器
        input = new JTextArea(10,20);
        output = new JTextArea(10,20);
        output.setLineWrap(true);         //设置文本自动换行
        output.setWrapStyleWord(true);    //设置文本以单词为界自动换行
        output.setEditable(false);        //设置文本域不可编辑
        //添加滚动条
        add(new JScrollPane(input));
        add(new JScrollPane(output));
        textChanged = new DocListener(); //创建监听器
        //调用方法传递组件参数
        textChanged.setInput(input);
        textChanged.setOutput(output);
        //为文本域 input 的维护文档注册监听器
        (input.getDocument()).addDocumentListener(textChanged);
```

}
}

（2）在项目中添加一个名为 DocListener 的类，实现 DocumentListener 接口。在类中编写成员方法传递组件参数，并重写 DocumentListener 接口的所有方法。具体代码如下：

```java
import java.util.Arrays;
import javax.swing.JTextArea;
import javax.swing.event.DocumentEvent;
import javax.swing.event.DocumentListener;

public class DocListener implements DocumentListener{
    JTextArea in,out;
    public void setInput(JTextArea input) {
        in = input;
    }
    public void setOutput(JTextArea output) {
        out = output;
    }
    //重写DocumentListener 接口的所有方法
    public void changedUpdate(DocumentEvent e) {
        String str = in.getText();        //获取第1个文本域中的内容
        //以逗号为分隔符，拆分文本域中的字符串并将其保存到字符串数组中
        String words[] = str.split(",");
        Arrays.sort(words);               //对数组元素按字典序进行排列
        out.setText(null);                //清空第2个文本域中的内容
        //在文本域中输出排序后的数组元素
        for(int i=0;i<words.length;i++)
            out.append(words[i]+"\n");
    }
    public void removeUpdate(DocumentEvent e) {
        changedUpdate(e);        //调用方法
    }
    public void insertUpdate(DocumentEvent e) {
        changedUpdate(e);        //调用方法
    }
}
```

（3）在项目中添加一个名为 DocumentEventTest 的测试类，编写 main()方法实例化 SortString 类对象，测试界面效果。具体代码如下：

```java
public class DocumentEventTest {
    public static void main(String[] args) {
        new SortString();
    }
}
```

（4）运行 DocumentEventTest.java，即可弹出图形用户界面。在左侧文本域中输入字符串，右侧文本域中即可实时显示输入的字符串（去除分隔符","），如图 6-9 所示。继续在左侧文本域中输入字符串或修改输入的字符串，右侧的文本域中将实时拆分字符串，并将拆分后的字符串按字典序进行升序排列，如图 6-10 所示。

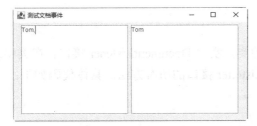
图 6-9 运行结果（1）

图 6-10 运行结果（2）

## 项目总结

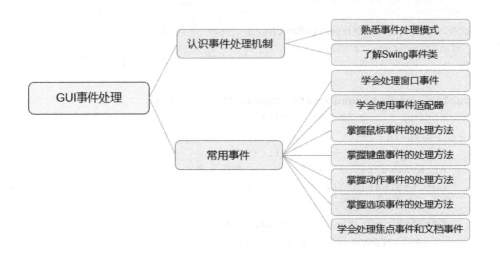

## 项目实战

在项目五的项目实战中实现了进销存管理系统的图形用户界面，本项目实战将为主界面、"商品入库"界面、"商品出库"界面及"查询商品"界面中的组件注册监听器、编写事件处理程序，监听并处理组件的各种事件。关于"修改商品"界面中的组件的操作，读者可参照本项目实战的实现代码自行完成。

（1）复制并粘贴"进销存管理系统 V5.0"，在 Copy Project 对话框中修改项目名称为"进销存管理系统 V6.0"，然后单击 Copy 按钮关闭对话框。

（2）打开 MainFrame.java，为各个功能按钮注册监听器，处理单击该按钮进入相应界面的操作。相关代码如下：

```java
……
//为"商品入库"按钮注册监听器，使用匿名内部类处理按钮单击事件
inBtn.addActionListener(new ActionListener() {
    public void actionPerformed(ActionEvent e) {
```

```java
            InFrame addGoods = new InFrame();
            addGoods.setVisible(true);    //显示"商品入库"界面
            MainFrame.this.dispose();     //退出主界面,并释放相应的屏幕资源
        }
    });
    ......
    //为"商品出库"按钮注册监听器,使用匿名内部类处理按钮单击事件
    outBtn.addActionListener(new ActionListener() {
        public void actionPerformed(ActionEvent e) {
            OutFrame outGoods = new OutFrame();
            outGoods.setVisible(true);    //显示"商品出库"界面
            MainFrame.this.dispose();     //退出主界面,并释放相应的屏幕资源
        }
    });
    ......
    //为"修改商品"按钮注册监听器,使用匿名内部类处理按钮单击事件
    modifyBtn.addActionListener(new ActionListener() {
        public void actionPerformed(ActionEvent e) {
            //读者自行完成
        }
    });
    ......
    //为"查询商品"按钮注册监听器,使用匿名内部类处理按钮单击事件
    searchBtn.addActionListener(new ActionListener() {
        public void actionPerformed(ActionEvent e) {
            SearchFrame searchGoods = new SearchFrame();
            searchGoods.setVisible(true);    //显示"查询商品"界面
            MainFrame.this.dispose();        //退出主界面,并释放相应的屏幕资源
        }
    });
    ......
    //为"退出"按钮注册监听器,使用匿名内部类处理按钮单击事件
    exitBtn.addActionListener(new ActionListener() {
        public void actionPerformed(ActionEvent e) {
            MainFrame.this.dispose();    //退出主界面,并释放相应的屏幕资源
        }
    });
    ......
```

为便于代码的维护,将各种操作的功能代码放在一个单独的文件中。

(3) 首先在 Package Explorer 窗格中选中项目名称并右击,在弹出的快捷菜单中选择 New→Package 命令,新建一个名为 controller 的包。然后在该包中添加一个名为 Controllers 的类,用于管理商品入库、商品出库、修改商品和查询商品的操作代码。具体代码如下:

```java
package controller;

import javax.swing.JOptionPane;
import model.Goods;
public class Controllers {
```

```java
    static final int MAXNUM = 100;      //最大容量
    static int productNum=0;             //商品种类
    static Goods[] products = new Goods[MAXNUM];    //商品名称列表
    //商品入库
    public boolean addGoods(Goods goods) {
        try{
            products[productNum++]=goods;    //商品信息入库
            return true;
        }catch(ArrayIndexOutOfBoundsException e) {
            JOptionPane.showMessageDialog(null,"超出库存量上限, 不能入库! ");
            productNum--;
        }
        return false;
    }
    //商品出库
    public boolean outGoods(Goods goods) {
        //查找要修改信息的商品
        int i=findProduct(goods.getName());    //商品索引
        if(i==productNum) {         //没有找到指定的商品
            JOptionPane.showMessageDialog(null,"指定的商品不存在! ");
            return false;
        }
        else{
            int pro_num=goods.getNum();
            //如果出货数量大于或等于库存量, 则输出提示信息, 并删除对应的记录
            if(pro_num>=products[i].getNum()) {
                JOptionPane.showMessageDialog(null,"出货数量超出库存量,只能出库 "+products[i].getNum());
                //完全出库的商品不是数组中的最后一个元素
                if(i<productNum)
                    products[i]=products[i+1];
                else
                    products[i]=null;
                --productNum;
            }else           //如果出货数量小于库存量, 则修改出库后的库存量
                products[i].setNum(products[i].getNum()-pro_num);
            return true;
        }
    }
    //查询商品
    public Goods searchGoods(String name) {
        int i=findProduct(name);    //商品索引
        Goods goods=new Goods(name, 0, 0.0);
        //如果指定的商品不存在, 则输出提示信息, 返回初始化的goods
        if(i==productNum)
            JOptionPane.showMessageDialog(null,"指定的商品不存在! ");
        else
```

```java
        goods=products[i];                    //返回找到的商品
        return goods;
    }
    //查询指定商品
    public int findProduct(String pro_name) {
        int index;
        //遍历数组,如果指定的商品存在,则终止循环,返回对应的索引号
        for(index=0;index<productNum;index++)
            if(products[index].getName().equals(pro_name))
                break;
        return index;
    }
}
```

(4) 打开 InFrame.java, 首先在构造方法中注释掉代码行 setVisible(true);, 默认隐藏该窗口。然后分别为"提交"按钮和"返回"按钮注册监听器, 处理按钮单击事件, 相关代码如下:

```java
……
//为"提交"按钮注册监听器,使用匿名内部类处理按钮单击事件
okBtn.addActionListener(new ActionListener() {
public void actionPerformed(ActionEvent e) {
    String proname = name.getText();    //获取商品名称
    try{
        int pronum = Integer.parseInt(num.getText());
        double proprice=Double.parseDouble(price.getText());
        Goods goods=new Goods(proname,pronum,proprice);
        //实例化 Controllers 类对象
        Controllers control = new Controllers();
        //调用 Controllers 类的 addGoods()方法,判断商品是否入库成功
        boolean isSuccess=control.addGoods(goods);
        if(isSuccess)
            JOptionPane.showMessageDialog(null,"商品入库成功!");
        else
            JOptionPane.showMessageDialog(null,"商品入库失败!");
        name.setText(null);
        num.setText(null);
        price.setText(null);
    }//捕获数量和价格的数据格式异常
    catch(NumberFormatException e1) {
        JOptionPane.showMessageDialog(null,"输入的数据格式异常!");
    }
}
});
……
//为"返回"按钮注册监听器,使用匿名内部类处理按钮单击事件
exitBtn.addActionListener(new ActionListener() {
public void actionPerformed(ActionEvent e) {
    MainFrame window = new MainFrame();
```

```
        window.setVisible(true);        //显示主界面
        InFrame.this.dispose();          //关闭"商品入库"界面
    }
});
……
```

（5）打开 OutFrame.java，首先在构造方法中注释掉代码行 setVisible(true);，默认隐藏该窗口。然后分别为"提交"按钮和"返回"按钮注册监听器，处理按钮单击事件，相关代码如下：

```
……
//为"提交"按钮注册监听器,使用匿名内部类处理按钮单击事件
okBtn.addActionListener(new ActionListener() {
    public void actionPerformed(ActionEvent e) {
        String proname = name.getText();
        try{
            int pronum = Integer.parseInt(num.getText());
            double proprice=Double.parseDouble(price.getText());
            Goods goods=new Goods(proname,pronum,proprice);
            Controllers control = new Controllers();
            //调用 Controllers 类的 outGoods()方法,判断商品是否出库成功
            boolean isSuccess=control.outGoods(goods);
            if(isSuccess)
                JOptionPane.showMessageDialog(null,"商品出库成功!");
            else
                JOptionPane.showMessageDialog(null,"商品出库失败!");
            name.setText(null);
            num.setText(null);
            price.setText(null);
        }//捕获数量和价格的数据格式异常
        catch(NumberFormatException e1) {
            JOptionPane.showMessageDialog(null,"输入的数据格式异常!");
        }
    }
});
……
//为"返回"按钮注册监听器,使用匿名内部类处理按钮单击事件
exitBtn.addActionListener(new ActionListener() {
    public void actionPerformed(ActionEvent e) {
        MainFrame window = new MainFrame();
        window.setVisible(true);
        OutFrame.this.dispose();
    }
});
……
```

（6）打开 SearchFrame.java，首先在构造方法中注释掉代码行 setVisible(true);，默认隐藏该窗口。然后分别为"查找"按钮和"返回"按钮注册监听器，处理按钮单击事件，相关代码如下：

```
……
//为"查找"按钮注册监听器，使用匿名内部类处理按钮单击事件
searchBtn.addActionListener(new ActionListener() {
    public void actionPerformed(ActionEvent e) {
        String proname = name.getText();
        Controllers control = new Controllers();
        //调用Controllers类的searchGoods()方法，返回找到的商品
        Goods goods=control.searchGoods(proname);
        show.append("商品名称："+goods.getName()+"\n");
        show.append("商品数量："+goods.getNum()+"\n");
        show.append("商品价格："+goods.getPrice()+"\n");
    }
});
……
//为"返回"按钮注册监听器，使用匿名内部类处理按钮单击事件
exitBtn.addActionListener(new ActionListener() {
    public void actionPerformed(ActionEvent e) {
        MainFrame window = new MainFrame();
        window.setVisible(true);       //显示主界面
        SearchFrame.this.dispose();    //关闭"查询商品"界面
    }
});
……
```

（7）运行程序，在弹出的主界面中单击"商品入库"按钮进入对应的操作界面。输入商品信息，单击"提交"按钮，即可弹出一个提示对话框，并将指定的商品入库，如图 6-11 所示。如果输入的数量或价格的数据格式有误，则会弹出一个错误提示对话框。

（8）单击提示对话框的"确定"按钮关闭对话框，单击"返回"按钮返回主界面。再次单击"商品入库"按钮进入对应的操作界面，输入要入库的商品信息，如图 6-12 所示，单击"提交"按钮即可弹出一个提示对话框，并将指定的商品入库。

图 6-11　商品入库（1）

图 6-12　商品入库（2）

（9）单击提示对话框的"确定"按钮关闭对话框，单击"返回"按钮返回主界面。单击"商品出库"按钮进入对应的操作界面，输入要出库的商品信息，如图 6-13 所示，单击"提交"按钮即可弹出一个如图 6-14 所示的提示对话框，并将指定的商品出库。

图 6-13 商品出库

图 6-14 提示对话框

（10）单击提示对话框的"确定"按钮关闭对话框，单击"返回"按钮返回主界面。单击"查询商品"按钮进入对应的操作界面，输入要查询的商品名称，单击"查找"按钮。如果指定的商品存在，就在文本域中显示指定的商品信息，如图 6-15 所示。如果指定的商品不存在，则弹出一个提示对话框，关闭提示对话框，则在文本域中显示相应的信息，如图 6-16 所示。

图 6-15 指定的商品存在

图 6-16 指定的商品不存在

# 项目七

# I/O 操作

### 思政目标

- 学会理论联系实际,注意读/写文件内容的安全性
- 学以致用,注重培养灵活运用所学知识解决实际问题的能力

### 技能目标

- 能够创建、删除文件和遍历目录
- 能够使用字节流和字符流读/写文件内容
- 能够使用缓冲数据流和随机流读/写文件内容

### 项目导读

Java 的 I/O 操作主要是指使用 java.io 包的操作类进行输入、输出操作。java.io 包提供了全面的 I/O 接口,其中十分重要的内容是 5 个类(File、InputStream、OutputStream、Reader、Writer)和一个接口(Serializable),这是 I/O 操作的核心。本项目将介绍使用 File 类操作文件和目录,以及读/写文件内容的方法。

# 任务一 使用 File 类操作文件和目录

## 任务引入

在编写进销存管理系统时，小白希望在入库和出库商品时，对应的商品信息能自动写入一个指定的文件中，用于检查程序是否正常运行。在查看 Java 的标准库（java.io）时，小白得知使用其中的 File 类可以操作文件和目录。那么，使用 File 类如何操作文件和目录呢？能否查看文件和目录的属性，以及筛选特定的文件呢？

## 知识准备

文件是计算机系统中一种非常重要的数据存储形式。Java 的标准库（java.io）提供了 File 类用于操作文件，例如，创建、删除、重命名文件，或者获取文件的基本信息，如文件所在的路径，文件名、大小和修改时间等。

### 一、创建 File 对象

使用 File 类的构造方法可以创建一个 File 对象，File 对象既可以表示文件，也可以表示目录。要构造一个 File 对象，需要传入文件路径，可以是绝对路径，也可以是相对路径。语法格式有如下 3 种。

（1）File(String pathname)。

该构造方法使用参数 pathname 指定包含文件名的路径。Windows 平台使用"\"作为路径分隔符，在 Java 字符串中需要用转义字符"\\"表示"\"，也可以直接使用/进行路径分隔。Linux 平台使用"/"作为路径分隔符。

例如，下面的代码表示在 D 盘指定路径（D:/workspace）下创建一个名为 stars.txt 的文本文件：

```
// 使用绝对路径传入文件路径
File file1 = new File ("D:/workspace/stars.txt");
File file1 = new File ("D:\\workspace\\stars.txt");
// 使用相对路径传入文件路径
File file1 = new File ("/workspace/stars.txt");
File file1 = new File ("\\workspace\\stars.txt");
```

在传入相对路径时，相对路径前面加上当前目录就是绝对路径。在上面的代码中假设当前目录是 D:\。在传入相对路径时，可以用.表示当前目录，..表示上级目录。例如，假设当前目录是 D:\Demos，下面的代码表示访问不同路径下的 Hello.java：

```
// 绝对路径是 D:\Demos\sub\ Hello.java
File file2 = new File(".\\sub\\Hello.java ");
// 绝对路径是 D:\sub\ Hello.java
```

```
File file3 = new File("..\\sub\\Hello.java ");
```

 **注意**

在构造一个 File 对象时,即使传入的文件或目录不存在,代码也不会出错,因为在构造一个 File 对象时,并不会导致任何磁盘操作。只有在调用 File 对象的某些方法时,才会真正进行磁盘操作。

(2) File(String parent, String child)。

该构造方法通过指定父路径 parent 和子路径 child 传入文件路径。父路径是磁盘根目录或磁盘中的某个文件夹,如 D:/或 D:/workspace/。子路径是包含文件类型后缀的文件名,如 stars.txt。因此,上面的代码也可以写成如下形式:

```
File file1 = new File ("D:/workspace/","stars.txt");
File file1 = new File ("D:\\workspace\\","stars.txt");
```

(3) File(File f, String child)。

该构造方法根据磁盘中的某个文件夹 f(称为父 File 对象)和要创建的文件名 child(称为子 File 对象)创建 File 对象。例如,上面的代码也可以写成如下形式:

```
File f1 = new File ("D:/workspace/");   // 创建父 File 对象
File file1 = new File (f1,"stars.txt");  // 绝对路径是 D:\workspace\ stars.txt
```

## 二、获取文件属性

在创建 File 对象后,可以调用 File 类的方法获取文件属性,如表 7-1 所示。

表 7-1  File 类的常用方法

| 方法 | 说明 |
| --- | --- |
| boolean canRead() | 判断指定的文件能否被读取 |
| boolean canWrite() | 判断指定的文件能否被写入 |
| boolean exists() | 判断当前 File 对象是否存在 |
| Long length() | 返回文件以字节为单位的长度 |
| String getPath() | 获取当前 File 对象的路径字符串 |
| String getAbsolutePath() | 获取当前 File 对象的绝对路径 |
| String getName() | 获取当前 File 对象的文件名或路径名。如果获取的是路径名,则返回最后一级子路径名 |
| String getParent() | 获取当前 File 对象所对应路径(最后一级子路径)的父路径 |
| boolean isAbsolute() | 判断当前 File 对象表示的文件是否为绝对路径。该方法消除了不同平台的差异,在 Windows 等平台中,如果路径开头是盘符,则说明它是一个绝对路径;在 UNIX/Linux/BSD 等平台中,如果路径名以斜线"/"开头,则表明该对象对应一个绝对路径 |
| boolean isDirectory() | 判断当前 File 对象表示的文件是否为一个路径 |
| boolean isFile() | 判断当前 File 对象是否为文件 |
| long lastModified() | 返回当前 File 对象最后被修改的时间 |
| long length() | 返回当前 File 对象表示的文件长度 |
| String[] list() | 返回当前 File 对象指定的路径文件列表 |

在这里要提醒读者注意的是,File 对象有 3 个表示路径的方法:第 1 个是 getPath(),

用于获取构造方法传入的路径字符串；第 2 个是 getAbsolutePath()，用于获取绝对路径；第 3 个是 getCanonicalPath()，与绝对路径类似，不同的是，其获取的是规范路径。

 提示

> 由于 Windows 和 Linux 平台的路径分隔符不同，因此 File 对象提供了一个静态常量 separator 来表示当前平台的系统分隔符。例如，下面的语句根据当前平台打印路径分隔符：
> ```
> System.out.println(File.separator);
> ```
> 如果要分隔多个连续路径字符串，则使用静态常量 pathSeparator，在 Windows 平台下，该常量的值是分号。

## 案例——获取文件基本信息

本案例利用文件路径和文件名构造一个 File 对象，通过调用 File 类的方法获取该 File 对象的文件名、路径、长度、最后修改日期等属性，并判断该 File 对象是否为文件或目录、是否可读/写，以及是否为隐藏文件。

（1）新建一个 Java 项目 FileDemo，在其中添加一个名为 FileInfo 的类。

（2）引入操作文件和日期需要的包 java.io.File、java.util.Date，在类中添加 main()方法，编写代码获取文件基本信息。具体代码如下：

```java
import java.io.File;
import java.util.Date;

public class FileInfo {
    public static void main(String[] args) {
        //文件路径
        String path = "D:"+File.separator+"workspace"+ File.separator;
        String name = "shici.txt";          // 指定文件名
        File f = new File(path, name);  // 利用文件路径和文件名构造 File 对象
        System.out.println(path+name+"文件信息如下: ");
        System.out.println("=======================================");
        // 调用 File 类的方法获取文件属性并输出
        System.out.println("文件名: " + f.getName());
        System.out.println("文件路径: " + f.getPath());
        System.out.println("绝对路径: " + f.getAbsolutePath());
        System.out.println("文件长度: " + f.length() + "字节");
        System.out.println("是否为文件: " + f.isFile());
        System.out.println("是否为目录: " + (f.isDirectory() ? "是目录" : "不是目录"));
        System.out.println("是否可读: " + (f.canRead() ? "可读" : "不可读"));
        System.out.println("是否可写: " + (f.canWrite() ? "可写" : "不可写"));
        System.out.println("是否为隐藏文件: " + (f.isHidden() ? "是隐藏文件" : "不是隐藏文件"));
        System.out.println("最后修改日期: " + new Date(f.lastModified()));
    }
}
```

（3）运行程序，在 Console 窗格中可以看到指定文件的相关信息，如图 7-1 所示。

图 7-1　输出结果

### 三、创建和删除文件

在程序设计中，可以创建一个临时文件，在不需要时删除该文件。读者需要注意的是，无论是创建文件还是删除文件，通常都需要先调用 exists()方法判断文件是否存在。

#### 1．创建文件

使用 File 类创建 File 对象后，如果 File 对象指向的文件不存在，则可以调用 createNewFile()方法创建文件，语法格式如下：

```
boolean createNewFile()
```

该方法在指定目录下创建文件，如果该文件已存在，则不创建。由于该方法使用了关键字 throws 声明，因此在使用中必须使用 try-catch 语句捕获并处理异常。例如：

```
File file = new File ("D: "+ File.separator,"stars.txt");
if(!file.exists()){
    try{
        file.createNewFile();
    }catch(Exception e){
        e.printStackTrace();
    }
}
```

上面的代码先创建了一个 File 对象，指定文件的路径和名称。然后调用 exists()方法判断文件是否存在，如果不存在，则在指定目录下创建指定的文件。

在创建文件后，调用 File 类的 renameTo(File)方法，可以将当前 File 对象指定的文件重命名为给定参数 File 指定的文件名。调用 setReadOnly()方法，可以将文件或文件夹设置为只读。这两个方法的返回值类型均为 boolean。

#### 2．删除文件

使用 File 类的 delete()方法可以删除指定的文件，语法格式如下：

```
boolean delete()
```

例如，下面的代码表示先判断指定的文件是否存在，如果存在，则删除该文件：

```
File file = new File ("D: "+ File.separator,"stars.txt");
if(file.exists()){
```

```
        file.delete();
}
```

如果想要在 JVM 退出时自动删除指定的文件，则可以使用 deleteOnExit()方法。

## ● 案例——创建临时文件

本案例首先检测在指定路径下是否存在指定名称的文件，如果存在，则在删除同名文件后，再创建一个新文件，否则创建该文件。

（1）新建一个 Java 项目 FileCreate，在其中添加一个同名的类。

（2）引入操作文件需要的包，在类中添加 main()方法，编写代码。具体代码如下：

```java
import java.io.File;
import java.io.IOException;

public class FileCreate {
    public static void main(String[] args){
        String disk = "D:";                    // 定义要创建文件的盘符
        String childpath = "workspace";        // 定义要创建文件的路径段
        String name = "temp.txt";              // 定义文件名
        // 组合成适应操作系统的路径
        String path = disk + File.separator + childpath + File.separator;
        String filepath = path + name;
        File f = new File(filepath);           // 创建指向特定文件的 File 对象
        if (f.exists()){                       // 判断文件是否存在
            System.out.println("该文件已存在,将删除该文件。");
            f.delete();                        // 如果存在,则删除
        }
        else {                                 // 如果不存在,则创建文件
            try {
                f.createNewFile();
            }catch(IOException e) {
                e.printStackTrace();
            }
        }
         System.out.println("在路径"+path+"下已创建文件"+name);
    }
}
```

上面的代码在操作文件时使用常量 separator 表示分隔符，该常量可以根据程序所在的操作系统自动使用符合本操作系统要求的分隔符，从而使程序可以在任意的操作系统中运行。

（3）运行程序，如果在指定路径下没有同名的文件，则创建文件，并在 Console 窗格中输出相应的提示信息，如图 7-2 所示。

（4）再次运行程序，文件已存在，首先删除在指定路径下同名的文件，在 Console 窗格中输出相应信息，然后重新创建一个文件，并输出相应信息，如图 7-3 所示。

项目七 I/O 操作

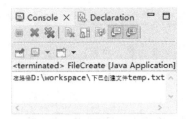 

图 7-2 在指定路径下没有同名文件的运行结果　　图 7-3 在指定路径下有同名文件的运行结果

## 四、创建和删除文件夹

使用 File 对象可以指向一个文件夹，并调用 mkdir()方法创建文件夹。如果要创建多级目录，则调用 mkdirs()方法。

- boolean mkdir()：创建一个文件夹，路径名由当前 File 对象指定。若创建成功，则返回 true，否则返回 false。
- boolean mkdirs()：创建多级目录，路径名由当前 File 对象指定。

与文件操作类似，无论是创建文件夹还是删除文件夹，都需要先调用 exists()方法判断文件夹是否存在。

如果要删除文件夹，则可以调用 File 类的 delete()方法。

> **注意**
>
> 在删除文件夹时，必须保证指定的文件夹中没有任何内容，才可以用 delete()方法成功删除，而且一旦删除，就无法恢复。

### 案例——创建多级目录

本案例首先判断指定目录下是否存在 demo 文件夹，如果存在，则进一步判断文件夹是否为空，为空则删除，否则输出提示信息；如果不存在 demo 文件夹，则创建该文件夹，并在该文件夹下创建 3 个子文件夹。

（1）新建一个 Java 项目 FolderDemo，在其中添加一个名为 FolderCreate 的类。

（2）引入操作文件需要的包 java.io.File，在类中添加 main()方法，编写代码创建多级目录。具体代码如下：

```java
import java.io.File;

public class FolderCreate {
    public static void main(String[] args) {
        String disk = "D:"; // 定义要创建文件的盘符
        String childpath = "workspace"+ File.separator + "demo";//文件路径
        // 使用静态常量 separator 根据操作系统输出路径分隔符，组合成适应操作系统的路径
        String path = disk + File.separator + childpath;
        // 创建 File 对象，指向 path 表示的目录
        File f = new File(path);
        // 调用 File 对象的 exists()方法，判断指定文件夹是否存在
        if (f.exists()){
            System.out.println("该文件夹已存在。");
```

```java
            // 如果存在，且文件夹内容为空，则删除该文件夹
            if(f.list().length==0) {
                System.out.println("该文件夹不包含内容，将删除文件夹");
                f.delete();
            }
            else
                System.out.println("该文件夹中包含内容，不能删除，将创建子文件夹");
        }
        System.out.println("创建文件夹");
        //创建File对象数组，用于存放子文件夹的File对象
        File[] folder = new File[3];
        // 使用for循环在指定目录下创建文件夹
        for (int i = 0; i < 3; i++) {
            // 在指定文件夹下创建子文件夹
            folder[i] = new File(path + File.separator + "folder"+(i+1));
            if (!folder[i].exists()) {        // 如果指定文件夹不存在
                folder[i].mkdirs();// 创建文件夹，包括不存在的父文件夹 demo
                //获取子文件夹的绝对路径并输出
                System.out.println("创建文件夹"+folder[i].getAbsolutePath());
            }
        }
    }
}
```

（3）运行程序。如果指定的文件夹不存在，则创建文件夹及其子文件夹，如图7-4所示。

（4）此时再次运行程序，在Console窗格中可以看到程序运行的过程，如图7-5所示。

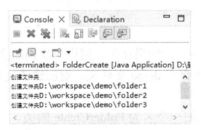
图7-4 创建的文件夹

图7-5 程序运行的过程

从图7-5中可以看到，由于指定的demo文件夹已存在且包含内容，因此不能调用delete()方法删除该文件夹。在demo文件夹中创建子文件夹时，由于文件夹中包含的子文件夹与要创建的子文件夹同名，因此不再重复创建。

## 五、遍历目录

所谓遍历目录，是指访问指定目录中的每一个文件和文件夹，用于查找指定的文件，或列出指定目录中的所有文件。Java在File类中提供了两个列出文件夹内容的方法：list()和listFiles()。

### 1. list()方法

该方法使用字符串数组返回当前File对象表示的目录中所有的文件和文件夹名称。如

果当前 File 对象不是目录，则返回 null。语法格式如下：
```
public String[] list()
```

 提示

list()方法返回的数组中仅包含文件或文件夹名称，而不包含文件路径。如果目录中包含同名的文件或文件夹，则返回相同的字符串，这些字符串在数组中不一定按字母顺序出现。

例如，下面的代码用于列出给定目录 D:\test\下的所有文件和文件夹名称：
```
File file = new File ("D: "+ File.separator+"test"+ File.separator);
String[] files = file.list();
```

### 2. listFiles()方法

该方法的功能与 list()方法相同，不同的是，该方法会列出文件的完整路径，返回值为一个 File 对象数组。此外，该方法还提供了两个重载方法，可以过滤不想要的文件和目录，语法格式如下：
```
// 仅列出过滤器指定的文件和子目录
public File[] listFiles(FilenameFilter filter)
public File[] listFiles(FileFilter filter)
```
在使用这两个重载方法时，如果 filter 为 null，则返回所有的文件和子目录。

## 案例——筛选.zip 压缩文件

本案例构造一个文件筛选器对象，调用 listFiles()方法筛选指定目录下的.zip 压缩文件。
（1）新建一个 Java 项目 ListFiles，在其中添加一个名为 ListFilesDemo 的类。
（2）引入操作文件需要的包 java.io.File 和 java.io.FilenameFilter，在类中添加 main()方法，编写代码筛选文件并输出。具体代码如下：
```
import java.io.File;
import java.io.FilenameFilter;

public class ListFilesDemo {
    public static void main(String[] args){
        String disk = "D:";            // 定义要创建文件的盘符
        String childpath = "软件";      // 定义要创建文件的路径段
        // 使用静态常量 separator 根据操作系统输出路径分隔符,组合成适应操作系统的路径
        String path = disk + File.separator + childpath;
        try {
            File f = new File(path); // 创建 File 对象, 指向 path 表示的目录
            // 使用匿名内部类构造文件筛选器对象，筛选以字符串".zip"结尾的文件
            FilenameFilter filter = new FilenameFilter() {
                public boolean accept(File f, String name){
                    return name.endsWith(".zip");
                }
            };
            // 调用 listFiles()方法筛选 File 对象 f, 定义 File 类型的数组 files, 用于
```

```java
        //存放筛选结果
        File[] files = f.listFiles(filter);
        // 遍历数组，输出筛选结果
        System.out.println("目录"+path+"下的.zip压缩文件有：");
        for (File file:files)
            System.out.println(file.getName());
    }catch (Exception e) { // 捕获异常
        System.err.println(e.getMessage());
    }
}
}
```

在调用 listFiles()方法时，可能访问到不允许读取的文件，从而引发 Security Exception，因此在上面的代码中添加了用于捕获异常并处理的代码。

（3）运行程序，在 Console 窗格中可以输出指定目录下所有的.zip 压缩文件，如图 7-6 所示。

图 7-6  输出结果

## 任务二　读/写文件内容

### 任务引入

小白使用 File 对象成功地在指定路径下创建了一个文本文件，接下来就需要实现文件内容的读/写操作。小白得知 Java 在 java.io 包中提供了与 I/O 流相关的类用于读/写文件内容。那么，什么是 I/O 流呢？在 Java 中，怎样使用 I/O 流的类来读/写文件内容呢？如果考虑执行效率，那么读/写少量的文件内容和大篇幅的文件内容的方法是否一样呢？

### 知识准备

#### 一、流的概念

Java 以数据流的形式处理输入和输出数据。流是一组有序的字节或字符集合，根据流的运动方向，流可以被分为输入流和输出流两种。以计算机内存为参照物，输入流是指从计算机外设读入内存的数据序列；输出流是指从内存输出到计算机外设的数据序列。

根据流中元素的基本单元是一个字节还是一个字符（两个字节），可以将流分为字节流和字符流。例如，使用字符输入流可以读取磁盘文件中的字符；使用字节输出流可将内存中的字节写入磁盘文件中。

在 Java 中，所有与输入流有关的类都是抽象类 InputStream（字节输入流）或抽象类 Reader（字符输入流）的子类；所有与输出流有关的类都是抽象类 OutputStream（字节输出流）或抽象类 Writer（字符输出流）的子类。这 4 个类都是抽象类，其子类有一个共同特点：子类名的后缀都是父类名，前缀都是这个子类的功能名称。

## 二、文件字节流

字节流是指处理字节数据的流对象。因为计算机中的最小数据单元为 byte（字节），所以设备上的数据无论是图片、文字还是音视频，都是以二进制方式存储的，以一个 byte 为数据单元进行体现。也就是说，字节流可以处理设备上的所有数据。

### 1．文件字节输入流（FileInputStream）

Java 提供了 InputStream 类用于创建字节输入流，InputStream 类的常用方法如表 7-2 所示。

表 7-2　InputStream 类的常用方法

| 方法 | 说明 |
| --- | --- |
| int read() | 读取输入流的下一个字节，并返回用字节表示的 int 类型的值（0～255）。如果已读到末尾，则返回-1，表示不能继续读取可用的字节 |
| int read(byte[] b) | 读取输入流中 b.length 长度的字节将其存放到数组 b 中，并返回实际读取的字节数。如果到达文件末尾，则返回-1 |
| int read(byte[] b,int off, int len) | 在输入流中从指定位置读取指定长度的字节，并返回实际读取的字节数。如果到达文件末尾，则返回-1 |
| void mark(int readlimit) | 在输入流的当前位置放置一个标记，使用参数 readlimit 指定输入流在标记位置失效前允许读取的字节数 |
| void reset() | 将输入指针返回当前标记处 |
| long skip(long arg) | 在输入流中跳过 arg 个字节，并返回实际跳过的字节数 |
| boolean markSupported() | 判断当前流是否支持 mark()方法或 reset()方法 |
| void close() | 关闭输入流，释放与该流相关联的系统资源 |

FileInputStream 类是 InputStream 类的一个常用子类，用于从文件系统中读取如图像数据之类的原始字节流，实现文件流的输入。该子类的实例方法都继承自 InputStream 类。FileInputStream 类使用以下两种形式的构造方法来创建指向文件的输入流。

- FileInputStream(String name)：创建源文件为 name 指定的文件的文件字节输入流。
- FileInputStream(File file)：创建源文件为 file 指定的文件的文件字节输入流。

在创建 FileInputStream 对象后，可以调用其从父类继承的 read()方法顺序地读取文件，直到文件字节输入流被关闭或到达文件末尾。

在读/写 I/O 流的过程中，可能会发生错误，例如，文件不存在导致无法读取、没有写权限导致写入失败等，这些底层错误都会引发 IOException 异常并抛出。因此，所有与 I/O 操作相关的代码都必须捕获并处理 IOException 异常，如下所示。

```
public abstract int read() throws IOException
```
完成读取操作后,应调用 close()方法显式地关闭输入流。

### 2. 文件字节输出流(FileOutputStream)

Java 提供了 OutputStream 类用于创建字节输出流,OutputStream 类的常用方法如表 7-3 所示。

表 7-3 OutputStream 类的常用方法

| 方法 | 说明 |
| --- | --- |
| void write(int b) | 将 int 类型的参数 b 的最低 8 位表示的字节写入输出流指向的文件 |
| void write(byte[] b) | 将字节数组 b 中的字节写入输出流指向的文件 |
| void write(byte[] b, int off, int len) | 将字节数组 b 中从索引 off 开始的 len 个字节写入输出流指向的文件 |
| void flush() | 将缓冲区的内容完全输出并清空缓冲区 |
| void close() | 关闭输出流,释放与该流相关联的系统资源 |

对应于 FileInputStream 类,字节输出流(OutputStream)提供了一个常用的子类 FileOutputStream,用于实现文件流的输出。该子类的实例方法都继承自 OutputStream 类。FileOutputStream 类使用以下两种形式的构造方法来创建指向目的地的输出流。

- FileOutputStream(String name):创建目的地文件为 name 指定的文件的文件字节输出流。
- FileOutputStream(File file):创建目的地文件为 file 指定的文件的文件字节输出流。

使用上面两种形式的构造方法创建的文件字节输出流指向目的地文件,如果这个文件已存在,则输出流将刷新该文件;如果文件不存在,则 Java 自动创建该文件。如果要设置输出流是否自动刷新文件,可以在构造方法中添加一个 boolean 类型的参数,如下所示。

- FileOutputStream(String name, boolean append)。
- FileOutputStream(File file, boolean append)。

当参数 append 的值为 true 时,输出流不刷新指向的已存在文件,而是在写入输出流时在文件末尾追加输出流中的数据。如果 append 的值为 false,则自动刷新(即清空)所指向的已存在文件。

在创建文件字节输出流后,就可以调用其从父类继承的 write()方法将输出流中的数据顺序地写入文件,直到文件字节输出流被关闭。

这里要提醒读者注意的是,在向磁盘、网络写入数据时,出于效率的考虑,操作系统不是输出一个字节就写入一个字节,而是把输出的字节先放到内存的一个缓冲区中,等缓冲区写满了,再一次性写入文件或者网络。缓冲区实质上就是一个字节数组,当写满数据时,OutputStream 类会自动调用 flush()方法强制输出缓冲区中的内容。如果操作者希望能实时输出内容,就需要手动调用 flush()方法。

 提示

应用程序在运行过程中,如果打开了一个文件进行读/写操作,则在完成操作后要及时关闭该文件,释放资源,否则会影响其他应用程序的运行。在调用 close()方法关闭 OutputStream 类及其子类对象之前,程序会自动调用 flush()方法输出缓冲区中的内容。

## 案例——读取文本文件内容

本案例通过创建一个字节输入流对象，读取一个文本文件中的所有字节并输出来演示 InputStream 类的使用方法，以及 I/O 流异常处理的方法。

（1）新建一个 Java 项目 ReadFile，在其中添加一个同名的类。

（2）引入使用输入流和异常处理需要的包，在类中添加 main()方法，编写代码。具体代码如下：

```java
import java.io.FileInputStream;
import java.io.IOException;
import java.io.InputStream;

public class ReadFile {
// 在读取文件时可能发生异常，使用 throws 关键字抛出异常
    public static void main(String[] args) throws IOException {
        InputStream text = null;       // 创建一个 InputStream 对象
        try {
            // 创建一个 FileInputStream 对象
            text = new FileInputStream("D:/java_source/little star.txt");
            int n;      // 定义一个 int 类型的变量，用于显示输入流中的字节
            while ((n = text.read()) != -1) {  //判断是否到达文件末尾
                System.out.println(n);         // 输出字符对应的字节
            }
        }finally {
            if (text != null) text.close();// 关闭输入流
        }
    }
}
```

上面的代码创建了一个 FileInputStream 对象，指向磁盘中的文本文件 little star.txt。如果在读取过程中发生错误，输入流将无法被正确地关闭，资源也就无法被及时释放。上面的代码使用 try-finally 语句保证无论是否发生 I/O 错误，输入流都能被正确地关闭。

（3）运行程序，在 Console 窗格中可以看到文本文件内容对应的字节形式，如图 7-7 所示，对应的文本文件内容如图 7-8 所示。

图 7-7 输出结果

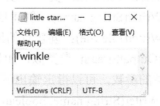

图 7-8 文本文件内容

## 三、文件字符流

在处理字符时，会涉及不同的字符编码，不同的字符编码对应不同的字符编码表。为

了便于解析不同类型的字符,Java 将字节流和字符编码表封装成对象,这就是字符流。

### 1. 文件字符输入流(FileReader)

Java 提供了 Reader 类用于创建字符输入流,其实质是一个能自动编/解码的 InputStream,是所有字符输入流的父类。Reader 类的方法与 InputStream 类的方法类似,不同的是,Reader 类的 read()方法的参数是字符数组。虽然数据源是字节,但 Reader 类将读入的字节数据进行了编码,转换为 char 类型的字符。此外,Read 类还提供了一个返回值为 boolean 类型的 ready()方法,用于判断是否准备读取流。

FileReader 类是 Reader 类常用的一个子类,必须实现的方法有 read(char[],int,int)和 close()。FileReader 类使用以下两种形式的构造方法来创建文件字符输入流。

- FileReader(String name):创建源文件为 name 指定的文件的文件字符输入流。
- FileReader(File file):创建源文件为 file 指定的文件的文件字符输入流。

### 2. 文件字符输出流(FileWriter)

Java 标准库提供了 Writer 类用于处理字符输出流,其实质上是一个能自动编/解码的 OutputStream,将 char 类型的字符转换为 byte 并输出,是所有字符输出流的父类。Write 类的常用方法如表 7-4 所示。

表 7-4  Write 类的常用方法

| 方法 | 说明 |
| --- | --- |
| void write(int c) | 写入一个字符 |
| void write(char[] c) | 写入字符数组 c 中的所有字符 |
| void write(char[] c, int off, int len) | 写入字符数组 c 中从索引 off 开始的 len 个字符 |
| void write(String s) | 写入字符串 s |
| void write(String s, int off, int len) | 写入字符串 s 中从索引 off 开始的 len 个字符 |
| void flush() | 将缓冲区的内容完全输出并清空缓冲区 |
| void append(char c) | 将指定字符追加到输出流末尾 |
| void append(charSequence cs) | 将指定字符序列追加到输出流末尾 |
| void append(charSequence cs, int start, int end) | 将指定字符序列添加到输出流的指定位置 |
| void close() | 关闭输出流,释放与该流相关联的系统资源 |

FileWriter 类是 Writer 类常用的一个子类,必须实现的方法有 write(char[], int, int)、flush()和 close()。FileWriter 类使用以下两种形式的构造方法创建文件字符输出流。

- FileWriter(String name):创建目的地文件为 name 指定的文件的文件字符输出流。
- FileWriter(File file):创建目的地文件为 file 指定的文件的文件字符输出流。

与 FileOutputStream 类类似,如果目的地文件已存在,则通过在构造方法中添加一个 boolean 类型的参数,可以指定输出流是否刷新目的地文件,如下所示。

- File Writer(String name, boolean append)。
- File Writer(File file, boolean append)。

### ◆ 案例——创建文本文件并写入诗词

本案例首先在指定路径下创建一个文件夹,并在文件夹中创建一个文本文件。然后在文本文件中写入诗词。

（1）新建一个 Java 项目 NewFile，在其中添加一个同名的类。

（2）引入操作 I/O 流和异常处理需要的包，在类中添加 main()方法，编写代码。具体代码如下：

```java
import java.io.File;
import java.io.FileWriter;
import java.io.IOException;
public class NewFile {
    public static void main(String[] args) throws IOException {
        String path = "D:"+File.separator + "workspace" + File.separator+ "newFile";//路径
        String name = "shici.txt";    // 定义要创建的文件名
        File newfolder = new File(path); // 创建 File 对象，指向 path 表示的目录
        // 创建 File 对象指向文本文件
        File newfile = new File(path + File.separator + name);
        if (!newfile.exists()) {    // 判断指定文本文件是否存在
            // 如果不存在，则创建文件夹，包括不存在的父文件夹
            newfolder.mkdirs();
            newfile.createNewFile();    // 在指定路径下创建文本文件
            System.out.println("在路径"+newfolder+"下已创建文本文件"+name);
        }
        try{
            FileWriter fw = new FileWriter(newfile); // 创建指向文本文件的输出流 fw
            // 调用 write()方法，写入缓冲区
            fw.write("一曲新词酒一杯，去年天气旧亭台。\n");
            fw.write("夕阳西下几时回？\n");
            fw.write("无可奈何花落去，似曾相识燕归来。\n");
            fw.write("小园香径独徘徊。\n");
            fw.flush();// 刷新缓冲区，在 Console 窗格中输出内容
            fw.close();// 关闭输出流
        }catch(IOException e ){ // 捕获异常，输出异常消息
            System.out.println(e);
        }
    }
}
```

（3）运行代码，在 Console 窗格中可以看到如图 7-9 所示的提示信息。

图 7-9 输出结果

此时，在资源管理器中定位到指定的路径，可以看到创建的文本文件，如图 7-10 所示。双击打开该文本文件，可以看到写入的诗词，如图 7-11 所示。

图 7-10  创建的文本文件

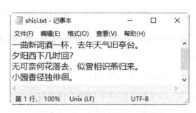
图 7-11  写入的诗词

## 四、缓冲数据流

在大型项目中,如果要传输的内容较多,通常会采用缓冲数据流对 I/O 流进行性能优化。缓冲数据流为 I/O 流增加了内存缓冲区,数据以块为单位被读入/读出缓冲区,从而提升操作效率。

Java 提供 BufferedReader 类和 BufferedWriter 类用于处理缓冲数据流,这两个类分别继承自 Reader 类和 Writer 类,以行为单位进行输入和输出,创建的对象分别称为缓冲输入流和缓冲输出流。构造方法如下:

```
BufferedReader(Reader in);
BufferedWriter(Writer out);
```

从构造方法中可以看出,缓冲输入流和缓冲输出流的源和目的地必须为字符流。

对于 BufferedReader 类,要注意 read()方法读取的是单个字符;readLine()方法则可以读取一个文本行,并返回不带换行符的字符串,如果没有内容,则返回 null。对于 BufferedWriter 类,操作者使用 newLine()方法可以写入一个行分隔符。

注意

在关闭输出流时要首先关闭缓冲输出流,然后关闭缓冲输出流指向的字符输出流。在程序中,只需要关闭缓冲输出流,其对应的字符输出流将自动关闭。

### 案例——字母大小写转换

本案例首先获取键盘输入的字符,然后将输入的字符转换成大写字符后输出。如果输入的字符是 end,则结束程序运行。

(1)新建一个 Java 项目 BufferedDemo,在其中添加一个同名的类。

(2)引入操作 I/O 流和异常处理需要的包,在类中添加 main()方法,编写代码。具体代码如下:

```java
import java.io.BufferedReader;
import java.io.BufferedWriter;
import java.io.IOException;
import java.io.InputStreamReader;
import java.io.OutputStreamWriter;

public class BufferedDemo {
    public static void main(String[] args){
```

```java
        System.out.println("请输入要转换为大写的字符：");
        // 创建输入流，读取键盘输入的字符，并将缓冲区与指定的输入流相关联
        BufferedReader bufr = new BufferedReader(new InputStreamReader(System.in));
        // 创建输出流，将缓冲区与指定的输出流相关联
        BufferedWriter bufw = new BufferedWriter(new OutputStreamWriter(System.out));
        String line = null;      // 初始化行位置
        try {
            while((line = bufr.readLine())!=null){  // 读取输入的行内容，直到结束
                if("end".equals(line))  // 如果输入的字符是 end，则结束程序运行
                    break;
                //将输入的字符转换成大写字符并写入缓冲区
                bufw.write(line.toUpperCase());
                bufw.newLine();          // 根据操作系统输出一个相应的换行符
                bufw.flush();            // 刷新缓冲区，在 Console 窗格中输出内容
            }
            // 关闭缓冲数据流
            bufw.close();
            bufr.close();
        }catch (IOException e) {     // 捕获异常，输出异常消息
            System.out.println(e);
        }
    }
}
```

（3）运行程序，在 Console 窗格中输入要转换为大写的字符，按 Enter 键即可输出对应的大写字符，如果输入的字符是 end，则结束程序运行，如图 7-12 所示。

图 7-12　运行结果

## 五、随机流

前面介绍的读/写文件内容的操作都需要创建指向文件的输入流和输出流，且只能按顺序读/写。Java 还提供了一个既能读取文件内容也能将内容写入文件的流，而且可以从任何指定的位置读/写文件内容，这就是随机流。使用 RandomAccessFile 类的以下两种形式的构造方法可以创建随机流。

- RandomAccessFile(String name,String mode)。
- RandomAccessFile(File file,String mode)。

这两种形式的构造方法用于创建源和目的地均为 name 或 file 指向的文件，对文件的访

问方式为 mode 的随机流。其中，参数 mode 有以下几种取值。
- r：只读，只能从文件中读取内容。
- rw：可读/写，既可以读取文件内容，也可以将数据写入文件中。
- rwd：可读/写，对文件内容的修改会被同步写入存储设备中。
- rws：可读/写，对文件内容的修改和元数据都会被同步写入存储设备中。

在读/写文件时，可能会因文件不存在而引发 FileNotFoundException 异常，应在程序中捕获并处理。

提示

> 如果使用 rw 模式的 RandomAccessFile 对象写入的文件不存在，则系统会自动创建。

在创建随机流之后，要使用随机流读/写文件内容，可以执行以下步骤。

（1）调用 RandomAccessFile 类的 length()方法获取文件的长度，并指定读/写文件内容的起始位置。

（2）调用 seek(long position)方法定位到指定位置。

其中，参数 position 是随机流的读/写位置距离文件内容开头的字节个数。使用 skipBytes(int n) 方法可以将指针移动 n 个字节。

（3）调用读/写方法读/写数据。

RandomAccessFile 类的常用读/写方法如表 7-5 所示。

表 7-5　RandomAccessFile 类的常用读/写方法

| 方法 | 说明 |
| --- | --- |
| int read() | 从文件中读取数据的一个字节 |
| int read(byte[] b) | 将内容读取到字节数组 b 中 |
| final byte readByte() | 读取一个字节 |
| final int readInt() | 读取 int 类型的数据 |
| final void writeBytes(String s) | 将字符串 s 写入文件中，按字节方式处理 |
| final void writeInt(int n) | 将 int 类型的数据 n 写入文件中 |

（4）操作完成后，调用 close()方法关闭随机流。

## 案例——随机读/写商品信息

本案例首先利用 RandomAccessFile 对象在文件中写入商品信息，然后反序读取商品信息并输出。

（1）在 Eclipse 中新建一个名为 ProductInfo 的 Java 项目。在其中添加一个名为 Entering 的类。

（2）在 Entering 类中定义 main()方法，指定要进行操作的文件，并创建一个 RandomAccessFile 对象用于读/写文件内容。使用 RandomAccessFile 对象在文件中写入商品信息，调用静态方法 output()反序读取写入的商品信息并输出。具体代码如下：

```
import java.io.File;
import java.io.RandomAccessFile;
```

## 项目七　I/O 操作

```java
public class Entering {
    //在main()方法中抛出异常，交由JVM处理
    public static void main(String[] args)throws Exception{
        //定义文件路径和文件名
        String parent = "D:"+File.separator+"workspace"+File.separator+"ProductInfo";
        String name = "products.txt";
        File file = new File(parent,name);      //创建File对象指向文件
        RandomAccessFile raf = null;            //声明随机流对象
        //以读/写模式打开文件，会自动创建指定的文件
        raf = new RandomAccessFile(file,"rw");
        //写入8个字节的商品名称
        String[] pro_name = {"cup     ","book    ","pencil  "};
        int[] num = {20,35,55};                 //写入4个字节的商品数量
        //利用循环语句依次写入商品名称和商品数量
        for(int i = 0;i<pro_name.length;i++) {
            raf.writeBytes(pro_name[i]);
            raf.writeInt(num[i]);
        }
        output(file,raf);      //调用静态方法读取并输出商品信息
        raf.close();           //关闭随机流
    }
    //定义静态方法读取文件内容并输出
    public static void output(File file,RandomAccessFile raf) {
        String read_name = null;   //声明读取的商品名称
        int read_num;              //声明读取的商品数量
        //利用循环语句反序读取各件商品的名称和数量并输出
        for(int position = 24;position>=0;position=position-12) {
            try{
                byte b[] = new byte[8];     //存放读取的商品名称
                raf.seek(position);         //定位开始读取的位置
                //利用循环语句读取商品名称，将其存放在数组b中
                for(int i=0;i<b.length;i++)
                    b[i]=raf.readByte();
                read_name = new String(b);   //将字节数组转换为字符串
                read_num = raf.readInt();    //读取商品数量
                System.out.println("第"+(position/12+1)+"件商品--->商品名称："+read_name+"\t数量: "+read_num);        //输出商品信息
            }catch(Exception e) {
                e.printStackTrace();
            }
        }
    }
}
```

由于 RandomAccessFile 对象按字节方式将内容读取到字节数组中，长度为 8 位，因此本案例为了保证可以进行随机读取，规定写入的商品名称都是 8 个字节，商品数量都是 4 个字节，也就是说，每条商品信息为 12 个字节。由于 main()方法使用了关键字 throws 声明，

因此在 main()方法体中不用再分别处理在创建随机流、写入数据和关闭随机流时可能产生的异常。

由于静态方法 output()没有使用关键字 throws 声明，因此要在方法体中使用 try-catch 语句捕获并处理在读取数据、移动读指针位置时可能产生的异常。

（3）运行程序，即可在指定路径下创建文件 products.txt，并依次写入数组 pro_name 和 num 中的数据。然后反序读取文件中各件商品的信息并输出，如图 7-13 所示。

图 7-13　输出结果

## 项目总结

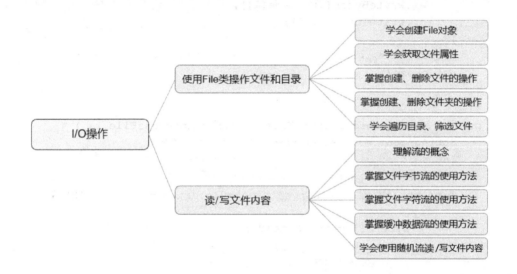

## 项目实战

在项目六的项目实战中实现了进销存管理系统的基本功能。本项目实战将在之前项目实战的基础上添加文件操作，将商品入库和商品出库操作的信息写入一个文件中，生成一个简单的进销报表。

（1）复制并粘贴"进销存管理系统 V6.0"，在 Copy Project 对话框中修改项目名称为"进销存管理系统 V7.0"，单击 Copy 按钮关闭对话框。

（2）打开 Controllers.java，在该文件中添加 writeData()方法，用于将商品入库、商品出库的信息写入指定的文件中。具体代码如下：

```java
public void writeData(String str,Goods goods) throws IOException {
```

```java
//设置时间格式
SimpleDateFormat sdf= new SimpleDateFormat("yyyy-MM-dd HH:mm:ss");
String time=sdf.format(System.currentTimeMillis());//获取当前时间
// 定义要创建目录的相对路径
String path = "."+File.separator+"src"+File.separator+"report";
String name = "record.txt";      // 定义要创建的文件名
File folder = new File(path);    // 创建 File 对象,指向 path 表示的目录
// 创建 File 对象,指向特定路径的文件
File file = new File(path + File.separator + name);
if (!file.exists()) {    // 判断指定文件是否存在
    // 如果不存在,则创建文件夹,包括不存在的父文件夹 report
    folder.mkdirs();
    file.createNewFile();        // 在指定路径下创建文件
}
try{
    // 创建输出流 fw,在写入输出流时不刷新文件,而是追加数据
    FileWriter fw = new FileWriter(file,true);
    // 调用 write()方法,写入缓冲区
    fw.write(time+"\t"+goods.getName()+"\t"+ goods.getNum());
    fw.write("\t"+goods.getPrice()+"\t"+str+"\n");
    fw.flush(); // 刷新缓冲区,写入文件
    fw.close(); // 关闭输出流
}
// 捕获异常,输出异常消息
catch(IOException e ){
    System.out.println(e);
}
```

（3）打开 InFrame.java，在"提交"按钮的事件处理方法中调用 writeData()方法，并添加一个 catch 子句来捕获在向文件中写入信息时可能产生的异常。具体代码如下：

```java
//为"提交"按钮注册监听器,使用匿名内部类处理按钮单击事件
okBtn.addActionListener(new ActionListener() {
    public void actionPerformed(ActionEvent e) {
        String proname = name.getText();    //获取商品名称
        try{
            int pronum = Integer.parseInt(num.getText());
            double proprice=Double.parseDouble(price.getText());
            Goods goods=new Goods(proname,pronum,proprice);
            Controllers control = new Controllers();//实例化 Controllers 类对象
            //调用 Controllers 类的 addGoods()方法,判断商品是否入库成功
            boolean isSuccess=control.addGoods(goods);
            if(isSuccess) {
                JOptionPane.showMessageDialog(null,"商品入库成功!");
                String str="入库";
                control.writeData(str,goods);   //将入库信息写入文件中
            }
            else
```

```java
            JOptionPane.showMessageDialog(null,"商品入库失败!");
        name.setText(null);
        num.setText(null);
        price.setText(null);
    }catch(NumberFormatException e1) {//捕获数量和价格的数据格式异常
        JOptionPane.showMessageDialog(null,"输入的数据格式异常!");
    }catch (IOException e1) {
        JOptionPane.showMessageDialog(null,"要写入的文件不存在!");
    }
    }
});
```

（4）打开 OutFrame.java，在"提交"按钮的事件处理方法中调用 writeData()方法，并添加一个 catch 子句来捕获在向文件中写入信息时可能产生的异常。具体代码如下：

```java
//为"提交"按钮注册监听器，使用匿名内部类处理按钮单击事件
okBtn.addActionListener(new ActionListener() {
    public void actionPerformed(ActionEvent e) {
        String proname = name.getText();
        try{
            int pronum = Integer.parseInt(num.getText());
            double proprice=Double.parseDouble(price.getText());
            Goods goods=new Goods(proname,pronum,proprice);
            Controllers control = new Controllers();
            //调用 Controllers 类的 outGoods()方法，判断商品是否出库成功
            boolean isSuccess=control.outGoods(goods);
            if(isSuccess) {
                JOptionPane.showMessageDialog(null,"商品出库成功!");
                String str="出库";
                control.writeData(str,goods);      //将出库信息写入文件中
            }
            else
                JOptionPane.showMessageDialog(null,"商品出库失败!");
            name.setText(null);
            num.setText(null);
            price.setText(null);
        }catch(NumberFormatException e1) {//捕获数量和价格的数据格式异常
            JOptionPane.showMessageDialog(null,"输入的数据格式异常!");
        } catch (IOException e1) {
            JOptionPane.showMessageDialog(null,"要写入的文件不存在!");
        }
    }
});
```

（5）保存所有文件，运行 MainFrame.java，按图 7-14～图 7-17 所示，依次入库和出库两种商品，此时在指定的路径\src\report 下可以看到创建的文件 record.txt。双击打开该文件，可以看到商品入库和出库的时间、名称、数量和价格，如图 7-18 所示。

项目七　I/O 操作

图 7-14　水杯入库

图 7-15　书包入库

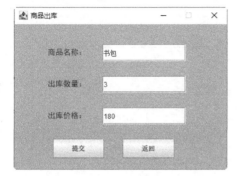

图 7-16　书包出库

图 7-17　水杯出库

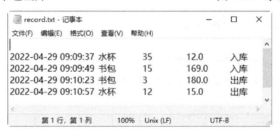

图 7-18　生成的进销报表

# 项目八

# 网络编程基础

## 思政目标

> 理论联系实际，培养举一反三、触类旁通的学习能力
> 追根溯源，从基础着手，培养科学严谨的思维方式

## 技能目标

> 能够实现简单的 TCP 网络程序
> 能够实现简单的 UDP 网络程序

## 项目导读

将物理位置不同且具有独立功能的多台计算机连接在一起就形成了网络。网络可以使不同物理位置上的计算机进行资源共享和通信。Java 提供了专门的网络开发程序包（java.net），其中包含网络程序所需要的不同的类。用户只要创建这些类的对象，并调用相应的方法，即使不具备有关的网络知识，也可以编写出网络程序。

## 任务一　网络程序设计基础

### 任务引入

通过对前面几个项目的学习，小白完成了一个简易的单机版进销存管理系统。考虑到应用程序的实用性，小白想将单机版程序扩展为网络版程序。在此之前，他有必要先了解网络应用程序设计模式、常用的网络协议，以及 IP 地址和端口的概念。

### 知识准备

#### 一、网络应用程序设计模式

在网络通信过程中分为两种端点，即服务器端与客户端，围绕这两种端点产生了网络应用程序设计的两种模式：C/S（Client/Server，客户端/服务器端）模式和 B/S（Browser/Server，浏览器/服务器端）模式。在开发过程中，开发人员应根据实际需求，并结合各种模式的特点选择合适的网络应用程序设计模式。

##### 1．C/S 模式

这种模式将网络事务处理分为客户端和服务器端两个部分。客户端用于为用户提供操作平台，同时为网络提供请求服务的接口；服务器端负责接收和处理客户端发出的服务请求，并将处理结果返回客户端。因此，这种模式要开发两套程序，一套是客户端，另一套是服务器端。在进行维护时，也需要维护两套程序，而且客户端的程序更新必须及时。C/S 模式的主要特点是交互性强、具有安全的存取模式、网络通信量低、响应速度快、程序安全性高。

##### 2．B/S 模式

这种模式是伴随 Internet 技术的兴起而发展起来的，是对 C/S 模式的改进，仅使用 HTTP 协议进行通信，主要事务逻辑在服务器端实现，无须安装客户端，Web 浏览器即客户端，因此只需要针对服务器端开发一套程序。这种模式在日后进行程序维护时只需维护服务器端即可，分布性强，开发简单，维护方便，但此类程序使用公共端口，包括公共协议，所以安全性很低，对于实现复杂的应用构造也有较大的困难。

#### 二、常用的网络协议

从应用的角度出发，网络协议可理解为网络通信规则，是对网络中的各台主机传输数据进行通信的规则说明，规定了计算机之间连接的特征、相互寻址规则、数据发送冲突的解决方式、数据传送与接收的方式等内容。

网络通信协议有很多种，目前应用广泛的是 TCP/IP、UDP、ICMP 和其他一些协议的协议族。本节简单地介绍本项目的网络编程主要涉及的 TCP、UDP 和 IP 协议。

### 1. TCP 协议

TCP（Transmission Control Protocol，传输控制协议）提供了两台计算机之间可靠的数据传送，也就是说，可以保证数据能够确实被送达，而且被送达的数据的排列顺序和被送出时的顺序相同。因此，TCP 协议常被应用于可靠性要求比较高的场合。

### 2. UDP 协议

UDP（User Datagram Protocol，用户数据报协议）是无连接通信协议，以独立发送数据报的方式向若干个目标发送数据，或接收来自若干个源发送的数据，不保证数据的可靠传输，也就是说，数据不一定能被送达，被送达的数据的排列顺序和被送出时的顺序也不一定相同。因此，UDP 协议适用于一些对数据准确性要求不高，但对传输速度和时效性要求非常高的网站。

### 3. TCP/IP 协议

TCP/IP（Transmission Control Protocol/Internet Protocol，传输控制协议/互联网协议）是 Internet 最基本的通信协议，在全球范围内实现了不同硬件结构、不同操作系统、不同网络系统之间的互联。其中的每台主机都用网络为其分配的 Internet 地址（即 IP 地址）进行唯一标识。

在这里要提醒读者注意的是，TCP/IP 协议不是指 TCP 和 IP 两种协议，而是指能够在多个不同网络之间实现信息传输的协议簇，由 FTP、SMTP、TCP、UDP、IP 等协议构成。由于在 TCP/IP 协议簇中 TCP 协议和 IP 协议具有代表性，因此其被称为 TCP/IP 协议。

TCP/IP 协议共分为 4 层，分别为应用层、传输层、网络层和数据链路层。各层实现特定的功能，提供特定的服务和访问接口，并具有相对的独立性，如图 8-1 所示。

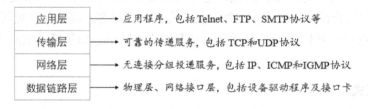

图 8-1  TCP/IP 协议的层次结构

## 三、IP 地址和端口

Internet 上的主机有两种表示地址的方式：域名和 IP 地址。域名容易记忆，用户在连接网络时输入一个主机的域名（如 www.hxedu.com.cn）后，域名服务器（DNS）负责将域名转化成 IP 地址，这样就能和主机建立连接。

在 TCP/IP 协议中，IP 地址用于唯一地标识一台接收或发送数据的计算机。目前，广泛使用的 IP 地址版本是 IPv4，用 4 个字节的二进制数表示。为便于记忆和处理，通常将 IP 地址写成十进制的形式，每个字节用一个十进制数（0～255）表示，数与数之间用符号"."分开，如 127.0.0.1，该地址表示本机 IP 地址，通常用于测试本机 TCP/IP 协议是否正常。随着计算机网络规模的不断扩大，为应对网络地址资源数量不足的问题，IPv6 应运而生，它使用 16 个字节表示 IP 地址。

IP 地址由两部分组成，即"网络号.主机号"。IP 地址的前 3 个字节为网络号，是网络的地址编码，用于标识主机所在的网络；IP 地址的最后一个字节为主机号，是网络中一台主机的地址编码，具体表示网络中的一台主机。Java 在 java.net 包中提供了与 IP 地址相关的 InetAddress 类，利用该类提供的方法可以获取 IP 地址、主机地址等信息，如表 8-1 所示。

表 8-1　InetAddress 类的常用方法

| 方法 | 返回值 | 说明 |
| --- | --- | --- |
| getByName(Strings host) | InetAddress | 静态方法，获取给定域名或 IP 地址对应的 InetAddress 对象 |
| getHostAddress() | String | 获取 InetAddress 对象包含的 IP 地址 |
| getHostName() | String | 获取 InetAddress 对象包含的域名 |
| getLocalHost() | InetAddress | 静态方法，获取本机的域名和 IP 地址 |

InetAddress 对象包含本机的域名和 IP 地址，该对象用"域名/IP 地址"格式表示它包含的信息，如 www.hxedu.com.cn/198.108.37.110。

### 提示

在使用上述方法时，如果主机不存在或网络连接错误，则会抛出 UnknownHostException 异常，因此必须进行异常处理。

通过 IP 地址连接到指定计算机后，如果要访问指定计算机中的某个应用程序，还需要指定端口。网络程序设计中的端口（port）并非真实的物理存在，而是一个假想的连接装置，计算机中不同的应用程序使用端口进行区分。

端口是用两个字节（16 位的二进制数）表示的 0~65 535 的整数。其中，0~1023 的端口由预先定义的服务通信占用，例如，HTTP 服务使用 80 端口，FTP 服务使用 21 端口。用户的普通网络应用程序则需要使用 1024 以上的端口以避免发生端口冲突。

端口与 IP 地址的组合构成一个套接字（Socket）。网络程序中的套接字是用于将应用程序与端口连接起来的一个假想的连接装置。Java 将套接字抽象为类。程序设计人员只需创建 Socket 类对象，即可使用套接字。将客户端和服务器端的套接字对象连接在一起即可交互信息。

## 任务二　实现 TCP 网络程序

### 任务引入

在了解了网络应用程序设计的基本模式和相关概念后，小白决定先学习 TCP 网络程序的原理和实现方法。

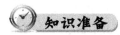 知识准备

在Java中，TCP网络程序设计是指利用Socket类编写通信程序，使用此类可以方便地建立可靠的、双向的、持续的、点对点的通信连接。利用TCP协议进行通信的两个应用程序是有主次之分的，一个被称为服务器端程序，另一个被称为客户端程序，两者的功能和编写方法有很大区别。

在通信时，首先要创建代表服务器端的ServerSocket对象，开启一个服务，此服务会等待客户端发送的连接请求；然后创建代表客户端的Socket对象，向服务器端发出连接请求，服务器端响应请求后，两者才会建立连接，通过套接字的I/O流开始通信。在通信完成后，使用套接字的close()方法关闭连接。

## 一、实现服务器端程序

ServerSocket类的实例对象用于实现一个服务器端程序，在指定的端口等待接收客户端在该端口发送的TCP连接请求。

ServerSocket类的构造方法有以下几种形式，通常会抛出IOException异常。

（1）ServerSocket()。

该构造方法用于创建没有绑定端口的服务器端套接字对象，这种ServerSocket对象创建的服务器端不监听任何端口，因此不能被直接使用。在后续操作中需要调用bind()方法将其绑定到指定的端口上，才可以正常使用。

（2）ServerSocket(int port)。

该构造方法用于创建绑定到特定端口的服务器端套接字对象。

（3）ServerSocket(int port, int backlog)。

该构造方法用于创建绑定到特定端口的服务器端套接字对象，并指定在服务器忙时可以与之保持连接请求的等待客户端数量backlog。

服务器端套接字对象一次可以与一个套接字连接。如果多个客户端同时发出连接请求，服务器端套接字对象首先会将请求连接的客户端存入队列中，然后从中取出一个套接字，与服务器新建的套接字进行连接。如果请求连接数大于队列的最大容纳数（默认为50个），则多出的连接请求将被拒绝。

（4）ServerSocket(int port, int backlog, InetAddress bindAddress)。

该构造方法使用指定的端口、侦听backlog和要绑定到的IP地址创建服务器端套接字对象，适用于计算机上有多块网卡和多个IP地址的情况，用户可以明确规定ServerSocket对象在哪块网卡或哪个IP地址上等待客户端的连接请求。

例如，下面的代码使用常用的第（2）种形式的构造方法创建一个绑定到2022端口的服务器端套接字对象：

```
try{
    ServerSocket serverForClient=new serverSocket(2022);
}catch(IOException e){
}
```

如果2022端口已被占用，就会抛出IOException异常。

ServerSocket 类的常用方法如表 8-2 所示。

表 8-2  ServerSocket 类的常用方法

| 方法 | 说明 |
| --- | --- |
| Socket accept() | 等待并接收客户端发送的连接请求。如果连接成功，则返回一个与发送请求的客户端对应的 Socket 实例 |
| void blind(SocketAddress endpoint) | 将 ServerSocket 对象绑定到特定地址上 |
| InetAddress getInetAddress() | 获取服务器端套接字对象的本地地址 |
| int getLocalPort() | 获取服务器端套接字对象侦听的端口 |
| boolean isBound() | 判断服务器端套接字对象的绑定状态 |
| boolean isClosed() | 返回服务器端套接字对象的关闭状态 |
| void close() | 关闭服务器端套接字对象 |

在创建 ServerSocket 对象后，如果要接收来自客户端的请求，则需要调用 ServerSocket 对象的 accept()方法获取客户端连接。该方法会阻塞线程的执行，直到服务器端收到客户端的连接请求，返回一个与发出请求的客户端 Socket 对象相连接的 Socket 对象实例，程序才可以向下继续执行。例如，如果没有收到客户端的连接请求，第 2 条语句就不会执行：

```
socket = server.accept();
System.out.println("Welcome!");
```

### 提示

如果没有收到客户端发送的连接请求，而且 accept()方法没有发生阻塞，那么肯定是程序出现了问题。通常的原因是使用了一个被其他程序占用的端口，ServerSocket 对象没有绑定成功。

ServerSocket 对象可以调用 setSoTimeout(int timeout)方法设置单位为毫秒的超时值，一旦 ServerSocket 对象调用 accept()方法阻塞的时间超过 timeout，就抛出 SocketTimeoutException 异常。

在建立连接后，服务器端 ServerSocket 对象调用 getInetAddress()方法可以获取包含客户端 IP 地址和域名的 InetAddress 对象；同样地，客户端的套接字对象调用 getInetAddress()方法可以获取包含服务器端 IP 地址和域名的 InetAddress 对象。

## 二、实现客户端程序

Socket 类用于实现 TCP 客户端程序。客户端负责创建连接到服务器端的套接字对象，发出连接请求，并与服务器端进行通信。

Socket 类的构造方法有以下几种形式，通常会抛出 IOException 异常。

（1）Socket()。

该构造方法用于创建没有连接任何服务器的客户端套接字对象。该构造方法创建的 Socket 对象不能被直接使用，在后续操作中需要调用 connect()方法指定封装了服务器端 IP 地址和端口的 SocketAddress 对象，才可以与指定的服务器端建立连接。

（2）Socket(String host, int port)。

该构造方法用于创建连接到运行在指定地址和端口上的服务器端程序的客户端套接字

对象。参数 host 是服务器端的 IP 地址，port 是一个端口。

（3）Socket(InetAddress address, int port)。

该构造方法与第（2）种形式的构造方法类似，用于创建连接到运行在指定地址和端口上的服务器端程序的客户端套接字对象。

例如，下面的代码使用第（2）种形式的构造方法创建一个连接到服务器端程序的客户端套接字对象：

```
try{
    Socket client=new Socket("http://192.168.10.110",2022);
}catch(IOException e){  }
```

Socket 类的常用方法如表 8-3 所示。

表 8-3  Socket 类的常用方法

| 方法 | 说明 |
| --- | --- |
| int getPort() | 返回 Socket 对象与服务器端连接的端口 |
| InetAddress getLocalAddress() | 将 Socket 对象绑定的本地 IP 地址封装成 InetAddress 对象并返回 |
| InputStream getInputStream() | 获取 Socket 对象的输入流 |
| OutputStream getOutputStream() | 获取 Socket 对象的输出流 |
| boolean isClosed() | 判断 Socket 连接是否已关闭 |
| void close() | 关闭 Socket 连接，结束本次通信 |

在关闭 Socket 连接之前，应先关闭与 Socket 相关的所有 I/O 流，以释放相关资源。

## 三、数据交互通信

客户端创建一个 Socket 对象向指定的主机和端口发送 TCP 连接请求，服务器端的 ServerSocket 对象监听客户端在该端口发送的 TCP 连接请求。接收 TCP 连接请求后，服务器端的 ServerSocket 对象调用 accept()方法获取客户端连接，并创建一个驻留在服务器端的 Socket 实例。客户端 Socket 对象与服务器端 Socket 对象连接成功后，通过 I/O 流交互数据（通过输出流发送数据，通过输入流接收数据），从而实现通信，如图 8-2 所示。

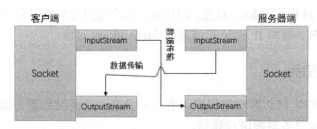

图 8-2  客户端与服务器端的数据交互

客户端 Socket 对象调用 getInputStream()方法获得一个输入流，这个输入流指向服务器端的 Socket 对象使用 getOutputStream()方法获得的输出流，也就是说，客户端用输入流可以读取服务器端写入输出流中的数据。客户端 Socket 对象调用 getOutputStream()方法获得一个输出流，这个输出流的目的地与服务器端的 Socket 对象使用 getInputStream()方法获得的输入流的源相同，也就是说，服务器端通过输入流可以读取客户端通过输出流写入的数据，反之亦然。

> **注意**
>
> 使用 Socket 连接读取数据与从文件中读取数据有很大的不同。当从文件中读取数据时，所有的数据都已经存放在文件中。而在使用 Socket 连接读取数据时，可能在另一端数据发送之前，就已经开始读取了，这时，就会阻塞本线程，直到该读取方法成功读取到信息，本线程才会继续执行后续的操作。

在双方通信完成后，Socket 对象应调用 close()方法关闭 Socket 连接。

## 案例——模拟问答式交互

本案例利用 Socket 实现一个 TCP 网络程序，模拟问答式交互。

（1）首先在 Eclipse 中新建一个名为 TCPDemo 的 Java 项目，然后在其中添加一个名为 TCPServer 的类，编写服务器端程序，具体代码如下：

```java
import java.io.DataOutputStream;
import java.io.IOException;
import java.net.ServerSocket;
import java.net.Socket;

public class TCPServer {
    public static void main(String[] args) {
        ServerSocket server=null;        //初始化服务器端套接字对象
        Socket sk = null;                //初始化驻留服务器端的套接字
        //服务器端要输出到客户端的字符串
        String[] answers = {"你好！我是Server。","北京","2015年7月31日","冬梦"};
        DataOutputStream out = null; //初始化输出流
        try {
            server = new ServerSocket(3000); //创建绑定到3000端口的服务器端套接字对象
        }catch(IOException e) {
            System.out.println(e);
        }
        try {
            System.out.println("服务器端准备就绪，等待客户端发送请求");
            //阻塞线程，直到收到客户端的连接请求，然后为请求创建套接字sk
            sk = server.accept();
            out = new DataOutputStream(sk.getOutputStream()); //实例化输出流
            for (int i=0;i<answers.length;i++) {
                out.writeUTF(answers[i]); //写入要返回客户端的信息
                Thread.sleep(1000);       //休眠1秒
            }
        }catch(Exception e) {    //没有连接请求，捕获异常
            System.out.println(e);
        }
        try {
```

```
        //关闭输出流和Socket连接
        out.close();
        sk.close();
    }catch(Exception e) {}
  }
}
```

（2）在项目中添加一个名为 TCPClient 的类，编写客户端程序，具体代码如下：

```java
import java.io.DataInputStream;
import java.io.DataOutputStream;
import java.net.Socket;

public class TCPClient {
    public static void main(String[] args) {
        Socket csk=null;            //声明客户端套接字对象
        //初始化输入流和输出流
        DataInputStream in = null;
        DataOutputStream out = null;
        //客户端要发送到服务器端的字符串
        String[] questions = {"你好！我是Client.","哪个城市是世界上首个双奥之城？","北京成功获得2022年冬奥会举办权是哪一天？","北京2022年冬残奥会会徽的名字是什么？"};
        try {
            //使用客户端Socket对象csk连接运行在指定地址和端口上的服务器端程序
            csk = new Socket("127.0.0.1",3000);
            //如果收到客户端请求，则获取客户端的IP地址并输出
            String addr = csk.getInetAddress().getHostAddress();
            System.out.println(addr+"响应请求");
            //实例化输入流和输出流
            in = new DataInputStream(csk.getInputStream());
            out = new DataOutputStream(csk.getOutputStream());
            for (int i=0;i<questions.length;i++) {
                System.out.println("Client问: "+questions[i]);
                Thread.sleep(500);

                out.writeUTF(questions[i]);//写入要发送到服务器端的信息
                String instr = in.readUTF();//读取服务器端返回的信息，会阻塞状态
                System.out.println("server答: "+instr);    //输出读取的信息
                Thread.sleep(500);
            }
        }catch(Exception e) {    //连接失败
            System.out.println(e);
        }
        try {
            //关闭输入流、输出流和Socket连接
            in.close();
            out.close();
            csk.close();
        }catch(Exception e) {}
```

}
}

（3）运行 TCPServer.java，启动服务器，等待客户端的请求，如图 8-3 所示。运行 TCPClient.java，客户端与服务器端建立连接，通过输入流读取服务器端返回的信息并输出，如图 8-4 所示。

图 8-3  服务器端运行结果

图 8-4  客户端运行结果

# 任务三  实现 UDP 网络程序

### 任务引入

在掌握了 TCP 网络程序的实现方法后，小白想知道常见的 UDP 网络程序与 TCP 网络程序有哪些异同，以及实现 UDP 网络程序的方法。

### 知识准备

UDP 网络程序分为服务器端和客户端两部分。与 TCP 协议必须建立可靠连接，提供端到端的服务不同，UDP 是一种面向无连接的协议，UDP 服务器为所有通信使用同一套接字，因此，在通信时发送端和接收端不用建立连接，发送的信息对方不一定能收到，是相对不可靠的传输控制协议。

基于 UDP 协议通信的基本模式为：打包发送数据报→接收数据报。客户端和服务器端都使用 DatagramPacket 对象封装需要发送或者接收的数据，通过 DatagramSocket 对象的 send()方法和 receive()方法发送和接收数据。通信完成后，客户端调用 DatagramSocket 实例的 close()方法关闭该套接字。

## 一、打包发送数据报

在 UDP 通信中，打包发送数据报的步骤如下。
（1）使用 DatagramSocket 类的构造方法创建一个数据报套接字。
（2）使用 DatagramPacket 类的构造方法将要发送的数据封装成数据报。
（3）使用 DatagramSocket 对象的 send()方法发送数据报。

### 1. 创建数据报套接字

Java 在 java.net 包中提供 DatagramSocket 类用于表示发送或接收数据报的套接字。在发送端通常使用 DatagramSocket 类的无参构造方法 DatagramSocket()创建发送端的数据报套接字，由于没有指定端口，因此系统会分配一个没有被占用的端口。

在客户端创建 DatagramSocket 实例时，也可以有选择地对本地地址和端口进行设置。如果设置了端口，则客户端会在该端口上监听从服务器端发送过来的数据。在服务器端创建 DatagramSocket 实例时，可以指定本地端口，并可以有选择地指定本地地址，此时，服务器端已经准备好从任何客户端接收数据。

在创建 DatagramSocket 对象时可能会抛出 SocketException 异常。

### 2. 创建数据报

Java 使用 DatagramPacket 对象表示数据报，用来封装在 UDP 通信中发送或接收的数据。

在创建用于包装待发送的数据的 DatagramPacket 实例时，需要指定要发送到的目的主机和端口。因此，通常采用以下构造方法：

```
DatagramPacket(byte[] data, int length, InetAddress addr, int port)
```

该方法用于创建数据报，并指定封装的数据、数据的长度及数据报的目标 IP 地址和端口，将含有字节数组的数据封装成数据报，发送到地址为 addr 的主机的指定端口 port。

DatagramPacket 类还提供了一些用于获取数据报的内容信息的方法，如表 8-4 所示。

表 8-4 DatagramPacket 类的常用方法

| 方法 | 说明 |
| --- | --- |
| int getPort() | 如果是发送端的数据报，则返回接收端的端口，否则返回发送端的端口 |
| InetAddress getAddress() | 如果是发送端的数据报，则返回接收端的 IP 地址，否则返回发送端的 IP 地址 |
| byte[] getData() | 如果是发送端的数据报，则返回将要发送的数据，否则返回将要接收的数据 |
| int getLength() | 如果是发送端的数据报，则返回将要发送的数据的长度，否则返回将要接收的数据的长度 |

### 3. 发送数据报

在创建数据报后，使用 DatagramSocket 对象的 send(DatagramPacket dp)方法即可发送指定的数据报 dp，该数据报中不仅包含要发送的数据，还包含数据的长度、目的主机的 IP 地址和端口。

在发送数据报时可能会产生 IOException 异常。

## 二、接收数据报

在 UDP 通信中，接收数据报的步骤如下。

（1）使用 DatagramSocket 类的构造方法创建一个数据报套接字，将其绑定到指定的端口。

（2）使用 DatagramPacket 类的构造方法创建数据报来封装接收的数据。

（3）使用 DatagramSocket 对象的 receive()方法接收数据报。

### 1. 创建数据报套接字

与发送端不同，接收端的 DatagramSocket 对象必须指定一个端口进行监听，不能使用系统随机分配的端口。可以采用以下两种形式的构造方法创建接收端的数据报套接字。
- DatagramSocket(int port)：创建 DatagramSocket 对象，并将其绑定到本机指定的端口上。
- DatagramSocket(int port, InetAddress address)：创建 DatagramSocket 对象，并将其绑定到指定的本地地址上。该方法常被应用于有多块网卡和多个 IP 地址的场景。

### 2. 创建接收信息的数据报

在创建用于封装待接收的数据的 DatagramPacket 实例时，不需要指定数据来源的远程主机和端口，只需指定一个缓存数据的字节数组即可。通常使用如下构造方法实现：

`DatagramPacket(byte[] data, int length)`

该方法用于创建一个 DatagramPacket 实例，并预先分配空间和大小，以将后续接收的数据存放在该空间中。发送数据的源地址和端口等信息会自动包含在 DatagramPacket 实例中。

### 3. 接收数据

使用 DatagramSocket 对象的 receive(DatagramPacket dp)方法，即可将接收的数据填充到指定的数据报 dp 中。

在收到数据之前，receive()方法会一直处于阻塞状态，直到收到数据才会返回。因此，如果网络上没有数据发送过来，而且 receive()方法没有发生阻塞，那么肯定是程序出现了问题，大多数情况下是使用了一个被其他程序占用的端口。

## ● 案例——简易聊天程序

本案例使用本机的不同端口模拟两台主机互相发送和接收数据报，利用 UDP 和多线程技术制作一个简易聊天程序。

（1）首先在 Eclipse 中新建一个名为 NetDemo 的 Java 项目，然后在项目中添加一个名为 UserA 的类，用于模拟主机 A 发送和接收数据报。具体代码如下：

```java
import java.net.DatagramPacket;
import java.net.DatagramSocket;
import java.net.InetAddress;
import java.net.SocketException;
import java.util.Scanner;

public class UserA {
    public static void main(String[] args) {
        Scanner sc = new Scanner(System.in);      //创建扫描器
        Thread readData;                           //声明线程
        ReceiveForA receiver = new ReceiveForA();//创建 Runnable 实现类对象
        DatagramSocket socketA =null;
        try {
            readData = new Thread(receiver);      //创建负责接收信息的线程
            readData.start();                      //启动线程
            byte[] buf = new byte[1];              //定义接收信息的字节数组
```

```java
            String str = "127.0.0.1";                //服务器端的IP地址
            int port = 9000;                         //服务器端的端口
            //将IP地址封装为InetAddress对象
            InetAddress addr = InetAddress.getByName(str);
            try{
                socketA = new DatagramSocket();      //创建发送端的数据报套接字
            }catch(SocketException e) {}
            //创建数据报,发送到地址为addr的主机的port端口
            DatagramPacket dp = new DatagramPacket(buf,buf.length,addr,port);
            System.out.print("我对B说: ");
            while(sc.hasNext()) {                    //如果输入了信息
                String info = sc.nextLine();         //获取输入的信息
                buf = info.getBytes();               //将字符串转换为字节数组
                if(info.length()==0)                 //如果没有输入信息
                    System.exit(0);                  //强制关闭JVM,退出程序
                buf = info.getBytes();
                dp.setData(buf);                     //将字节数组放入数据报进行打包
                socketA.send(dp);                    //发送数据报
                System.out.print("我继续对B说: ");
            }
        }catch(Exception e) {                        //捕获异常
            System.out.println(e);
        }
        sc.close();
    }
}
```

上面的代码使用hasNext()方法判断是否输入了信息。读者需要注意的是,尽管hasNext()方法的返回值类型为 boolean,但是它不会返回 false。如果 hasNext()方法在缓冲区内扫描到字符就返回 true,否则会发生阻塞,等待信息输入。因此,在要输入多组信息的情况下,可以使用 while + hasNext()的形式判断是否输入了信息。

(2)在项目中添加一个名为 ReceiveForA 的类,该类实现 Runnable 接口,用于处理主机A接收数据报并显示的操作。具体代码如下:

```java
import java.net.DatagramPacket;
import java.net.DatagramSocket;

//实现Runnable接口,用于处理主机A接收数据报并显示的操作
public class ReceiveForA implements Runnable{
    public void run() {                              //实现run()方法
        //初始化数据报套接字和数据报对象
        DatagramSocket socket=null;
        DatagramPacket dp=null;
        byte[] data=new byte[8192];                  //为接收的信息预分配空间
        try {
            socket = new DatagramSocket(3000);//创建监听端口3000的数据报套接字
```

```java
            dp = new DatagramPacket(data,data.length);    //封装数据
        }
        catch(Exception e) {}
        while(true) {
            if(socket==null) break;              //没有收到数据报,结束线程运行
            else
                try {
                    socket.receive(dp);          //接收数据报
                    //将数据报中的字节数据转换为字符串
                    String mess = new String(dp.getData(),0,dp.getLength());
                    //按指定格式输出收到的信息
                    System.out.printf("%40s\n", "B 对我说: "+mess);
                }catch(Exception e) {}
        }
    }
}
```

上面的代码使用 System.out.printf()格式输出收到的信息,第 1 个参数表示字符串的最小宽度为 40,超出后换行。

(3) 在项目中添加一个名为 UserB 的类,用于模拟主机 B 发送和接收数据报。具体代码如下:

```java
import java.net.DatagramPacket;
import java.net.DatagramSocket;
import java.net.InetAddress;
import java.net.SocketException;
import java.util.Scanner;

public class UserB {
    public static void main(String[] args) {
        Scanner sc = new Scanner(System.in);    //创建扫描器
        Thread readData;                        //声明线程
        ReceiveForB receiver = new ReceiveForB();  //创建 Runnable 实现类对象
        DatagramSocket socketB =null;
        try {readData = new Thread(receiver);   //创建负责接收信息的线程
            readData.start();                   //启动线程
            byte[] buf = new byte[1];           //定义接收信息的字节数组
            String str = "127.0.0.1";           //服务器端的 IP 地址
            int port = 3000;                    //服务器端的端口
            //将 IP 地址封装为 InetAddress 对象
            InetAddress addr = InetAddress.getByName(str);
            try{
                socketB = new DatagramSocket();  //创建连接的套接字对象
            }catch(SocketException e) {}
            //创建数据报,发送到地址为 addr 的主机的 port 端口
            DatagramPacket dp = new DatagramPacket(buf,buf.length,addr,port);
            System.out.print("我对 A 说: ");
```

```java
            while(sc.hasNext()) {                    //如果输入了信息
                String info = sc.nextLine();          //获取输入的信息
                buf = info.getBytes();                //将字符串转换为字节数组
                if(info.length()==0)
                    System.exit(0);                   //强制关闭JVM，退出程序
                buf = info.getBytes();
                dp.setData(buf);                      //将字节数组放入数据报进行打包
                socketB.send(dp);                     //发送数据报
                System.out.print("我继续对A说: ");
            }
        }catch(Exception e) {                         //捕获异常
            System.out.println(e);
        }
        sc.close();
    }
}
```

（4）在项目中添加一个名为ReceiveForB的类，该类实现Runnable接口，用于处理主机B接收数据报并显示的操作。具体代码如下：

```java
import java.net.DatagramPacket;
import java.net.DatagramSocket;

//实现Runnable接口，用于处理主机B接收数据报并显示的操作
public class ReceiveForB implements Runnable{
    public void run() {           //实现run()方法
        //初始化数据报套接字和数据报对象
        DatagramSocket socket=null;
        DatagramPacket dp=null;
        byte[] data=new byte[8192];              //为接收的信息预分配空间
        try {      //创建监听端口9000的数据报套接字
            socket = new DatagramSocket(9000);
            dp = new DatagramPacket(data,data.length);  //封装数据
        }catch(Exception e) {}
        while(true) {
            if(socket==null) break;              //没有收到数据报,结束线程运行
            else
                try {
                    socket.receive(dp);          //接收数据报
                    //将数据报中的字节数据转换为字符串
                    String mess = new String(dp.getData(),0,dp.getLength());
                    //按指定格式输出收到的信息
                    System.out.printf("%40s\n", "A对我说: "+mess);
                }catch(Exception e) { }
        }
    }
}
```

（5）运行UserA.java，在Console窗口中输入信息，按Enter键，发送信息，此时的控制台如图8-5所示。

图 8-5　主机 A 发送信息

（6）运行 UserB.java，在 Console 窗口中输入信息，如图 8-6 所示。按 Enter 键，即可发送信息。此时自动切换到主机 A 的信息界面，显示收到的信息，如图 8-7 所示。

图 8-6　主机 B 发送信息　　　　　　　　图 8-7　主机 A 收到信息

（7）输入信息，如图 8-8 所示，按 Enter 键发送信息。此时自动切换到主机 B 的信息界面，显示收到的信息，如图 8-9 所示。

图 8-8　主机 A 输入信息　　　　　　　　图 8-9　主机 B 收到信息

# 项目总结

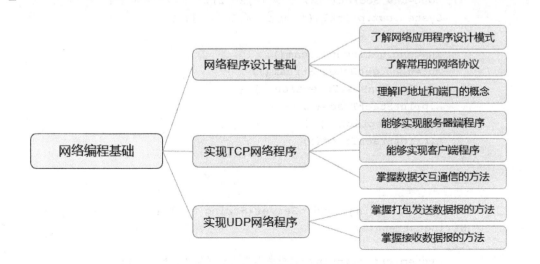

## 项目实战

在前面的项目实战中实现了一个简单的单机版进销存管理系统。本项目实战将分离客户端和服务器端,利用 TCP Socket 制作一个简易的网络版进销存管理系统。

(1)复制并粘贴"进销存管理系统 V7.0",在 Copy Project 对话框中修改项目名称为"进销存管理系统 V8.0",单击 Copy 按钮关闭对话框。

首先设计客户端程序。

(2)在项目中添加一个名为 net 的包,在包中添加一个名为 Client 的类,用于实现客户端主机,并与服务器端通信。具体代码如下:

```java
package net;

import java.io.IOException;
import java.io.InputStream;
import java.io.OutputStream;
import java.net.Socket;
import java.rmi.UnknownHostException;

public class Client {
    static Socket conn;                    //连接套接字
    static InputStream in;                 //输入流
    static OutputStream out;               //输出流
    static byte[] buf=new byte[20000];
    //编写静态代码块,初始化客户端套接字和I/O流,只在第1次加载类时执行
    static {
        try {
            conn=new Socket("127.0.0.1",2022);//将套接字绑定到指定的服务器和端口
            System.out.println("已连接到服务器端");
            //创建输入流和输出流
            in=conn.getInputStream();
            out=conn.getOutputStream();
        }catch(UnknownHostException e) {
            e.printStackTrace();
        }catch(IOException e) {
            e.printStackTrace();
        }
    }
    //与服务器端通信
    public static String sendToServer(String msg) {
        String str=null;
        try {
            System.out.println("向服务器端发送了请求:"+msg);
            out.write(msg.getBytes());          //将请求写入输出流并发送给服务器端
```

```java
                //读取服务器端返回的二进制信息，将其转换成十进制整数返回
                int count = in.read(buf);
                str=new String(buf,0,count);       //将服务器端返回的信息转换为字符串
                System.out.println("服务器端返回响应: "+str);
                if(str.equals("close"))
                    closeClient();                 //调用成员方法关闭客户端和连接
                return str;                        //返回
            }catch(IOException e) {
                e.printStackTrace();
            }
            return str;
        }
        //关闭客户端和连接
        public static void closeClient() {
            try {
                in.close();                //关闭输入流
                out.close();               //关闭输出流
                conn.close();              //关闭连接
            }catch(IOException e) {
                e.printStackTrace();
            }
        }
    }
```

（3）在项目中新建一个名为 util 的包，在包中添加一个名为 Protocol 的类，用于定义客户端与服务器端的通信协议。具体代码如下：

```java
    package util;

    import model.Goods;
    //定义客户端与服务器端的通信协议
    public class Protocol {
        //客户端发送商品入库请求，服务器端返回操作成功与否
        public String inMsg(Goods goods) {
            //定义商品入库的操作指令
            String msg="inbound\t"+goods.getName()+","
                    +goods.getNum()+","+goods.getPrice();
            return msg;
        }
        //客户端发送商品出库请求，服务器端返回操作成功与否
        public String outMsg(Goods goods) {
            //定义商品出库的操作指令
            String msg="outbound\t"+goods.getName()+","
                    +goods.getNum()+","+goods.getPrice();
            return msg;
        }
        //客户端发送商品查询请求，服务器端返回操作成功与否
        public String searchMsg(Goods goods) {
            String msg="search\t"+goods.getName();   //定义商品查询的操作指令
            return msg;
```

        }
    }

(4) 在 util 包中添加一个名为 Parser 的类,用于解析服务器端返回的结果。具体代码如下:

```java
package util;

import model.Results;
//解析服务器端返回的结果
public class Parser {
    //解析服务器端返回商品入库成功与否的操作信息
    public Results parserInResult(String msg) {
        Results results = new Results();
        System.out.println(msg);
        if(msg.equals("result:Success"))
            results.setSuccess(true);
        else
            results.setSuccess(false);
        return results;
    }
    //解析服务器端返回商品出库成功与否的操作信息
    public Results parserOutResult(String msg) {
        Results results = new Results();
        System.out.println(msg);
        if(msg.equals("result:Success"))
            results.setSuccess(true);
        else
            results.setSuccess(false);
        return results;
    }
    //解析服务器端返回商品查询结果的操作信息
    public Results parserSearchResult(String msg) {
        Results results = new Results();
        System.out.println(msg);
        if(msg.equals("result:Success"))
            results.setSuccess(true);
        else
            results.setSuccess(false);
        return results;
    }
}
```

(5) 在 model 包中定义一个实体类,用于封装通信的结果。具体代码如下:

```java
package model;
//通信的结果
public class Results {
    private boolean isSuccess;          //操作是否成功
    private String failReason;          //操作失败的原因
    private Object returnData;          //操作产生的结果对象
    //getter方法和setter方法
```

```java
    public boolean isSuccess() {
        return isSuccess;
    }
    public void setSuccess(boolean isSuccess) {
        this.isSuccess = isSuccess;
    }
    public String getFailReason() {
        return failReason;
    }
    public void setFailReason(String failReason) {
        this.failReason = failReason;
    }
    public Object getReturnData() {
        return returnData;
    }
    public void setReturnData(Object returnData) {
        this.returnData = returnData;
    }
}
```

(6) 修改 Controllers.java，处理客户端向服务器端发送请求的操作。具体代码如下：

```java
package controller;

import java.io.File;
import java.io.FileWriter;
import java.io.IOException;
import java.text.SimpleDateFormat;
import model.Goods;
import model.Results;
import net.Client;
import util.Parser;
import util.Protocol;

public class Controllers {
    //商品入库
    public Results addGoods(Goods goods) {
        Protocol ptl = new Protocol();
        String msg=ptl.inMsg(goods);
        String returnMsg=Client.sendToServer(msg);
        Parser parser=new Parser();
        Results results=parser.parserInResult(returnMsg);
        return results;
    }
    //商品出库
    public Results outGoods(Goods goods) {
        Protocol ptl = new Protocol();
        String msg=ptl.outMsg(goods);
        String returnMsg=Client.sendToServer(msg);
        Parser parser=new Parser();
```

```java
            Results results=parser.parserOutResult(returnMsg);
            return results;
        }
        //查询商品
        public Results searchGoods(Goods goods) {
            Protocol ptl = new Protocol();
            String msg=ptl.searchMsg(goods);
            String returnMsg=Client.sendToServer(msg);
            Parser parser=new Parser();
            Results results=parser.parserSearchResult(returnMsg);
            return results;
        }
}
```

然后编写服务器端程序。服务器端的 model 包中的实体类与客户端一致，不同的是服务器端的实现方式，此外，服务器端还要接收并处理客户端发送的请求。

（7）在 net 包中添加一个名为 Server 的类，用于实现服务器，并接收、处理客户端发送的请求。具体代码如下：

```java
package net;

import java.io.IOException;
import java.io.InputStream;
import java.io.OutputStream;
import java.net.ServerSocket;
import java.net.Socket;
import controller.ServerControllers;
import model.Goods;
import model.Results;

public class Server {
    byte[] buf=new byte[256];
    public Server() {
        ServerSocket ss=null;
        Socket conn=null;
        InputStream in=null;
        OutputStream out=null;
        //接收并处理客户端发送的请求
        try {
            ss=new ServerSocket(2022);
            System.out.println("服务器端准备就绪，等待连接请求");
            conn=ss.accept();            //阻塞线程
            System.out.println("已连接到客户端"+conn.getInetAddress()
                               +",端口为"+conn.getPort());
            in=conn.getInputStream();
            out=conn.getOutputStream();
            //处理请求
            while(true) {
                //读取客户端发送的请求
```

```java
int count=in.read(buf);
String str=new String(buf,0,count);
if(str.equals("closeserver"))
    break;                    //断开服务器端连接
//分离操作指令
String[] content=str.split("\t");
String head=content[0];
String end=content[1];
//处理商品入库请求
if(head.equals("inbound")) {
    ServerControllers control=new ServerControllers();
    String[] strArray=null;
    //提取商品的名称、数量和价格
    strArray=end.split(",");
    String name=strArray[0];
    int num=Integer.parseInt(strArray[1]);
    double price=Double.parseDouble(strArray[2]);
    Goods goods=new Goods(name,num,price);
    Results result=new Results();
    //调用方法处理商品入库请求,并返回操作结果
    result=control.addGoods(goods);
    //将返回的信息字符串转换为字节数组并写入输出流
    if(result.isSuccess())
        out.write("Success".getBytes());
    else
        out.write("Unsuccess".getBytes());
}
//处理商品出库请求
if(head.equals("outbound")) {
    ServerControllers control=new ServerControllers();
    String[] strArray=null;
    //提取商品的名称、数量和价格
    strArray=end.split(",");
    String name=strArray[0];
    int num=Integer.parseInt(strArray[1]);
    double price=Double.parseDouble(strArray[2]);
    Goods goods=new Goods(name,num,price);
    Results result=new Results();
    //调用方法处理商品出库请求,并返回操作结果
    result=control.outGoods(goods);
    if(result.isSuccess())
        out.write("Success".getBytes());
    else
        out.write("Unsuccess".getBytes());
}
//处理商品查询请求
if(head.equals("search")) {
    ServerControllers control=new ServerControllers();
```

```java
            String[] strArray=null;
            //分离商品的名称、数量和价格
            strArray=end.split(",");
            String name=strArray[0];
            Results result=new Results();
            //调用方法处理商品查询请求,并返回操作结果
            result=control.searchGoods(name);
            if(result.isSuccess())
                out.write("Success".getBytes());
            else
                out.write("Unsuccess".getBytes());
        }
        }
        //客户端请求处理完成,关闭I/O流和连接
        out.write("close".getBytes());
        in.close();
        out.close();
        conn.close();
    }catch(IOException e) {
        e.printStackTrace();
    }
    }
    //入口程序
    public static void main(String[] args) {
        new Server();      //实例化服务器
    }
}
```

(8)在 controller 包中添加一个名为 ServerControllers 的类,用于处理客户端发送的请求。具体代码如下:

```java
package controller;

import model.Goods;
import model.Results;

public class ServerControllers {
    static final int MAXNUM = 100;   //最大容量
    static int productNum=0;          //商品种类
    static Goods[] products = new Goods[MAXNUM];    //商品名称列表
    //处理商品入库请求
    public Results addGoods(Goods goods) {
        Results result=new Results();
        try{
            products[productNum++]=goods;   //商品信息入库
            result.setSuccess(true);
            return result;
        }catch(ArrayIndexOutOfBoundsException e) {
            result.setFailReason("超出库存量上限,不能入库!");
            productNum--;
```

```java
            result.setSuccess(false);
            return result;
        }
    }
    //处理商品出库请求
    public Results outGoods(Goods goods) {
        Results result=new Results();
        //查找要修改信息的商品
        int i=findProduct(goods.getName());      //商品索引
        if(i==productNum) {           //没有找到指定的商品
            result.setFailReason("指定的商品不存在！");
            result.setSuccess(false);
            return result;
        }
        else{
            int pro_num=goods.getNum();
            //如果出货数量大于库存量，则输出错误提示
            if(pro_num>products[i].getNum()) {
                result.setFailReason("出货数量超出库存量!");
                result.setSuccess(false);
                return result;
            }   //如果出货数量等于库存量，则出库后删除对应的记录
            else if(pro_num==products[i].getNum()){
                //完全出库的商品是数组中的最后一个元素
                if(i==(productNum-1))
                    products[i]=null;
                else      //不是最后一个元素
                    products[i]=products[i+1];
                --productNum;
                result.setSuccess(true);
                return result;
            }else {         //如果出货数量小于库存量，则修改出库后的库存量
                products[i].setNum(products[i].getNum()-pro_num);
                result.setSuccess(true);
                return result;
            }
        }
    }
    //处理商品查询请求
    public Results searchGoods(String name) {
        int i=findProduct(name);      //商品索引
        Goods goods=new Goods(name, 0, 0.0);
        Results result=new Results();
        //指定的商品不存在
        if(i==productNum) {
            result.setFailReason("指定的商品不存在！");
            result.setSuccess(false);
            result.setReturnData(goods);
```

```java
            return result;
        }else {            //指定的商品存在
            result.setSuccess(true);
            goods=products[i];
            result.setReturnData(goods);
            return result;
        }
    }
    //查找指定商品
    public int findProduct(String pro_name) {
        int index;
        //遍历数组,如果指定的商品存在,则终止循环,返回对应的索引
        for(index=0;index<productNum;index++)
            if(products[index].getName().equals(pro_name))
                break;
        return index;
    }
}
```

接下来修改客户端界面中的按钮单击事件处理程序。

(9) 打开 MainFrame.java,首先在构造方法中为窗口注册窗口事件监听器,处理关闭主界面时的事件;然后修改"退出"按钮的事件处理方法。具体代码如下:

```java
……
addWindowListener(new WindowAdapter() {
        public void windowClosing(WindowEvent e) {
            Client.sendToServer("closeserver");
            System.exit(0);
        }
});
……
    //注册监听器,使用匿名内部类处理按钮单击事件
    exitBtn.addActionListener(new ActionListener() {
        public void actionPerformed(ActionEvent e) {
            MainFrame.this.dispose();        //退出主界面
            Client.sendToServer("closeserver");
        }
});
……
```

(10) 打开 InFrame.java,首先在构造方法中为窗口注册窗口事件监听器,处理关闭"商品入库"界面时的事件;然后修改"提交"按钮的事件处理方法。具体代码如下:

```java
……
addWindowListener(new WindowAdapter() {
    public void windowClosing(WindowEvent e) {
        MainFrame frame = new MainFrame();
        frame.setVisible(true);
        InFrame.this.dispose();
    }
});
```

```java
……
//为"提交"按钮注册监听器,使用匿名内部类处理按钮单击事件
okBtn.addActionListener(new ActionListener() {
    public void actionPerformed(ActionEvent e) {
        String proname = name.getText();    //获取商品名称
        try{
            int pronum = Integer.parseInt(num.getText());
            double proprice=Double.parseDouble(price.getText());
            Goods goods=new Goods(proname,pronum,proprice);
            //实例化Controllers类对象和ServerControllers类对象
            Controllers control = new Controllers();
            ServerControllers scontrol=new ServerControllers();
            //调用ServerControllers类的addGoods()方法,判断商品是否入库成功
            Results flag=scontrol.addGoods(goods);
            if(flag.isSuccess()) {
                JOptionPane.showMessageDialog(null,"商品入库成功!");
                String str="入库";
                control.writeData(str,goods);    //将入库信息写入文件中
            }else
                JOptionPane.showMessageDialog(null,flag.getFailReason());
            name.setText(null);
            num.setText(null);
            price.setText(null);
        }catch(NumberFormatException e1) {    //捕获数量和价格的数据格式异常
            JOptionPane.showMessageDialog(null,"输入的数据格式异常!");
        } catch (IOException e1) {
            JOptionPane.showMessageDialog(null,"要写入的文件不存在!");
        }
    }
});
……
```

(11) 打开 OutFrame.java, 首先在构造方法中为窗口注册窗口事件监听器, 处理关闭"商品出库"界面时的事件; 然后修改"提交"按钮的事件处理方法。具体代码如下:

```java
……
addWindowListener(new WindowAdapter() {
    public void windowClosing(WindowEvent e) {
        MainFrame frame = new MainFrame();
        frame.setVisible(true);
        OutFrame.this.dispose();
    }
});
……
//注册监听器,使用匿名内部类处理按钮单击事件
okBtn.addActionListener(new ActionListener() {
    public void actionPerformed(ActionEvent e) {
        String proname = name.getText();
        try{
```

```java
            int pronum = Integer.parseInt(num.getText());
            double proprice=Double.parseDouble(price.getText());
            Goods goods=new Goods(proname,pronum,proprice);
            //实例化Controllers类对象和ServerControllers类对象
            Controllers control = new Controllers();
            ServerControllers scontrol=new ServerControllers();
            //调用ServerControllers类的outGoods()方法，判断是否出库成功
                    Results flag=scontrol.outGoods(goods);
            if(flag.isSuccess()) {
                JOptionPane.showMessageDialog(null,"商品出库成功!");
                String str="出库";
                control.writeData(str,goods);   //将出库信息写入文件中
            }else
                JOptionPane.showMessageDialog(null,flag.getFailReason());
            name.setText(null);
            num.setText(null);
            price.setText(null);
        }//捕获数量和价格的数据格式异常
        catch(NumberFormatException e1) {
            JOptionPane.showMessageDialog(null,"输入的数据格式异常!");
        } catch (IOException e1) {
            JOptionPane.showMessageDialog(null,"要写入的文件不存在!");
        }
    }
});
……
```

（12）打开 SearchFrame.java，首先在构造方法中为窗口注册窗口事件监听器，处理关闭"查询商品"界面时的事件；然后修改"查找"按钮的事件处理方法。具体代码如下：

```java
……
addWindowListener(new WindowAdapter() {
    public void windowClosing(WindowEvent e) {
        MainFrame frame = new MainFrame();
        frame.setVisible(true);
        SearchFrame.this.dispose();
    }
});
……
//注册监听器，使用匿名内部类处理按钮单击事件
searchBtn.addActionListener(new ActionListener() {
    public void actionPerformed(ActionEvent e) {
        String proname = name.getText();
        ServerControllers control = new ServerControllers();
        //调用ServerControllers类的searchGoods()方法，返回Results对象
        Results flag=control.searchGoods(goods);
        if(flag.isSuccess()) {
            show.append("商品名称："+((Goods) flag.getReturnData()).getName()
+"\n");
```

```
            show.append("商品数量: "+((Goods) flag.getReturnData()).getNum()
+"\n");
            show.append("商品价格: "+((Goods) flag.getReturnData()).getPrice()
+"\n");
        }
        else
JOptionPane.showMessageDialog(null,flag.getFailReason());
        }
    });
    ……
```

最后运行程序。

(13) 运行 Server.java, 在 Console 窗格中可以看到服务器启动的相关信息, 如图 8-10 所示。运行 MainFrame.java, 可以看到服务器端连接到客户端, 如图 8-11 所示。

图 8-10　启动服务器

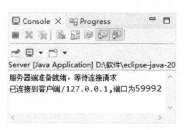

图 8-11　服务器端连接到客户端

(14) 在客户端分别入库和出库商品, 如图 8-12 和图 8-13 所示。此时在 Console 窗格中可以看到服务器端的运行信息, 如图 8-14 所示。关闭客户端程序后服务器端的运行信息如图 8-15 所示。

图 8-12　商品入库

图 8-13　商品出库

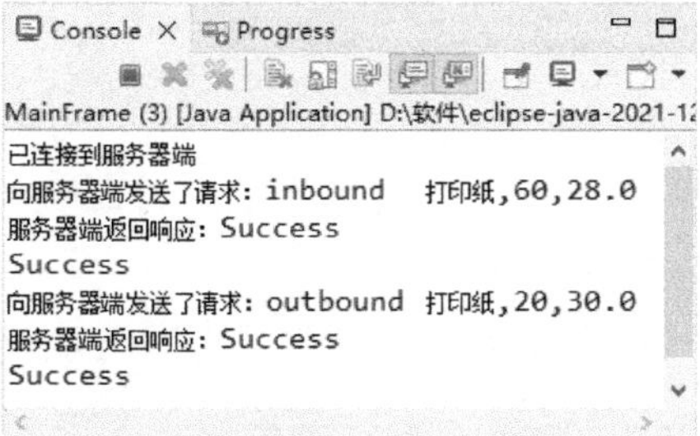

图 8-14　服务器端的运行信息

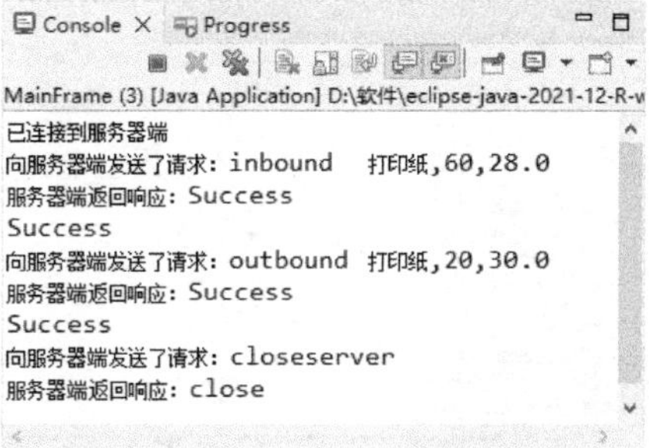

图 8-15　关闭客户端后服务器端的运行信息

# 项目九

# 多线程技术

## 思政目标

- 尊重事物的发展规律,学会科学地分配作息时间
- 厚植报国情怀,使课程知识与思政同向同行、齐头并进

## 技能目标

- 能够通过继承 Thread 类和实现 Runnable 接口来创建线程
- 能够根据实际需求转换线程的状态
- 能够实现线程同步并协调同步的线程

## 项目导读

在现实生活中,很多事情是同时进行的。Java 引入了线程机制,可以同时运行不同的代码块,不仅使程序运行更加顺畅,也可达到同时处理多任务的目的。使用多线程技术,可以充分利用 CPU 的资源,提升单位时间内的程序处理性能。多线程是现代程序开发中高并发的主要设计形式。本项目将详细介绍多线程的相关知识,主要内容包括进程与线程、线程的状态、线程的操作方法,以及线程的同步。

## 任务一 实现 Java 多线程

### 任务引入

既然开发了网络版的应用程序,就有可能涉及多人同时操作管理系统的问题,这就需要用到多线程技术。小白知道多线程是 Java 的重要特性之一,那么什么是线程呢?在 Java 中如何实现多线程呢?

### 知识准备

在 Java 中,线程是一种继承了 Thread 类或者实现了 Runnable 接口的对象。对应地,创建线程有两种方式:一种是继承 Thread 类,另一种是实现 Runnable 接口。

### 一、进程与线程

在 Windows 中,每一个在操作系统中运行的应用程序都是一个进程(Process)。进程是系统进行资源分配和调度的基本单位。每一个进程都有独立的内存空间和系统资源,其内部数据和状态也是完全独立的。

程序从加载、运行到运行完成的过程,就是进程从产生、发展到消亡的过程。CPU 在同一时刻只能运行一个进程,利用 CPU 的分时机制,每个进程都能循环获得自己的 CPU 时间片。CPU 的轮换速度非常快,以至于用户感觉不到进程的中断,而产生所有程序"同时"运行的错觉。

线程是进程的组成部分,也被称为轻量级进程(LWP)。一个线程是进程中的一个执行流程。一个进程中可以同时包括多个线程,每个线程本身不拥有系统资源,只拥有少量在运行中必不可少的资源,但它可与同属于一个进程的其他线程共享进程所拥有的全部资源。每个线程都可以得到一小段程序的运行时间,这样一个进程就可以具有多个并发运行的线程。

每个 Java 应用程序都有一个默认的主线程(main 线程)。这个主线程就是 JVM 加载代码发现 main()方法后启动的线程,负责执行 main()方法。在单线程中,程序代码按调用顺序依次往下执行,执行完最后一条语句,JVM 就会结束 Java 应用程序运行。如果需要一个进程同时完成多段代码的操作,就需要在 main()方法的执行中再创建其他线程,也就是产生多线程。JVM 在主线程和其他线程之间轮流切换,每个线程都有机会获得 CPU 资源。在这种情况下,如果 main 线程结束运行,JVM 也不会结束应用程序运行,而是等到应用程序中的所有线程都结束运行之后,才结束应用程序运行。

### 二、线程的状态

为方便操作系统管理线程,线程要经历不同的生命周期。线程被创建以后,CPU 需要在多个线程之间切换，因此线程既不是一启动就进入运行状态，也不是一直处于运行状态。在线程的生命周期中，它要经历新建（New）、就绪（Runnable）、运行（Running）、阻塞（Blocked）和消亡（Dead）5种状态。

### 1. 新建状态

在一个线程对象被声明并创建时，该线程就处于新建状态，此时仅由JVM为其分配内存空间，并初始化其成员变量的值。

### 2. 就绪状态

线程对象调用start()方法之后，该线程就处于就绪状态，进入线程队列排队，等待调度运行。

### 3. 运行状态

如果处于就绪状态的线程获得了CPU资源，就开始执行run()方法中的线程执行体，此时该线程处于运行状态。run()方法规定了线程的具体使命。在线程的run()方法结束之前，不能再调用该线程的start()方法，否则会发生IllegalThreadStateException异常。

### 4. 阻塞状态

当处于运行状态的线程失去所占用的资源之后，便进入阻塞状态。在Java中，线程进入阻塞状态可能有以下4种原因。

（1）JVM将CPU资源切换给其他线程。

（2）线程执行了sleep(int millsecond)方法进入休眠。经过指定的时间（millsecond）之后，该线程将重新进入线程队列等候CPU资源，以便从中断处继续运行。

（3）线程执行了wait()方法进入等待状态。在这种情况下，必须由其他线程调用notify()方法通知它重新进入线程队列等候CPU资源，以便从中断处继续运行。

（4）线程执行某个操作（例如，执行耗时的I/O操作）进入阻塞状态。在这种情况下，只有当引起阻塞的原因消除时，该线程才会重新进入线程队列等候CPU资源，以便从中断处继续运行。

### 5. 消亡状态

线程因异常被强制结束运行或执行完run()方法后，就会处于消亡状态。此时的线程已释放分配给它的内存，不再具有继续运行的能力。

## 三、继承Thread类创建多线程

Thread类是java.lang包中的一个类，在使用时不需要引入java.lang包，系统会自动加载。继承Thread类创建多线程的步骤如下。

（1）继承Thread类，并重写run()方法。

Thread类中的run()方法没有具体内容，需要在子类中重写该方法来规定线程要完成的具体任务。run()方法通常也被称为线程执行体。

（2）创建Thread子类的实例，即创建线程对象。

Thread类创建线程有以下两个常用的构造方法。

- public Thread()：创建一个线程对象。
- public Thread(String threadName)：创建一个有指定名称的线程对象。

(3) 调用线程对象的 start()方法启动线程。

线程对象被创建之后，不会自动进入线程队列，JVM 也不知道它的存在。此时需要调用 start()方法启动线程，然后进入线程队列等候执行。当线程获得 CPU 资源时，run()方法就会即刻执行，进入运行状态。

### 案例——模拟喂养宠物

本案例通过继承 Thread 类创建两个线程，输出宠物是第几次吃东西、喝水的，使用主线程输出宠物是第几次玩耍的，演示多线程的运行效果。

（1）在 Eclipse 中新建一个名为 ThreadDemo 的 Java 项目。在项目中添加一个名为 EatFood 的类，该类继承自 Thread 类，并重写 run()方法。具体代码如下：

```java
public class EatFood extends Thread{
    private int foodamount =5;          //食物总量
    public void run() {         //重写 run()方法
        while(foodamount>0) {
            for(int i=1;i<=5;i++) {
                System.out.print("第"+i+"次吃东西\t");
                foodamount-=1;
            }
            System.out.println("食物吃完啦！");
        }
    }
}
```

（2）在项目中添加一个名为 Drink 的类，继承 Thread 类，并重写 run()方法。具体代码如下：

```java
public class Drink extends Thread{
    private int wateramount =3;          //水的总量
    public void run() {         //重写 run()方法
        while(wateramount>0) {
            for(int i=1;i<=3;i++) {
                System.out.print("第"+i+"次喝水\t");
                wateramount-=1;
            }
            System.out.println("水喝完啦！");
        }
    }
}
```

（3）在项目中添加一个名为 TestThread 的类，编写 main()方法实例化线程对象，并启动线程。具体代码如下：

```java
public class TestThread {
    public static void main(String[] args) {
        //调用无参构造方法实例化两个线程对象
        EatFood eat = new EatFood();
```

```
            Drink drink = new Drink();
            //启动线程
            eat.start();
            drink.start();
            //主线程的循环语句
            for (int i=1;i<=4;i++)
                System.out.print("第"+i+"次玩耍\t");
        }
}
```

（4）运行 TestThread.java，在 Console 窗格中可以看到多线程的运行结果，如图 9-1 所示。

图 9-1　运行结果

 提示

上述程序的运行结果取决于当前 CPU 资源的使用情况，因此每次运行的结果都有可能不同。

在运行 TestThread.java 时，JVM 首先进入 main()方法启动主线程，主线程在使用 CPU 资源时实例化并启动两个线程，然后执行 for 循环。在本案例的这次运行中，主线程执行 1 次 for 循环后，CPU 资源切换给线程 drink。线程 drink 运行 run()方法，执行 for 循环 3 次后，CPU 资源切换给线程 eat，该线程运行 run()方法，执行 1 次 for 循环后，CPU 资源又切换给线程 drink，输出"水喝完啦！"，至此，线程 drink 的 run()方法执行完成，进入消亡状态。CPU 资源首先切换给主线程执行 1 次 for 循环，然后切换给线程 eat 执行 3 次 for 循环，接下来又切换给主线程执行 2 次 for 循环，至此，主线程的执行体运行完成，进入消亡状态。但 JVM 并没有结束应用程序运行，而是将 CPU 资源切换给线程 eat 从中断处继续执行，直到该线程的 run()方法执行完成，所有线程都进入消亡状态，才结束应用程序运行。

## 四、实现 Runnable 接口创建多线程

除了可以通过继承 Thread 类创建线程对象，还可以通过实现 Runnable 接口创建线程对象。与前一种方式相比，使用实现 Runnable 接口方式可以突破单继承的局限，在继承非 Thread 类时实现多线程。

实现 Runnable 接口创建多线程的步骤如下。

（1）定义 Runnable 接口的实现类，并重写该接口的 run()方法。

Runnable 接口中只定义了一个抽象方法 run()，事实上 Thread 类也是 Runnable 接口的一个实现类，Thread 类的 run()方法是 Runnable 接口的 run()方法的重写，也就是说，前文继承 Thread 类重写的 run()方法实际上重写的是 Runnable 接口的 run()方法。

（2）创建 Runnable 接口实现类的实例作为线程对象的运行对象，传递给构造方法来创建线程对象。

Runnable 接口的实现类采用以下两种形式的构造方法创建线程对象。

- public Thread(Runnable target)：使用实现了 Runnable 接口的类对象 target 作为运行对象，创建一个线程对象。
- public Thread(Runnable target,String name)：使用一个有指定名称的对象 target 作为运行对象，创建线程对象。

（3）调用线程对象的 start()方法，启动线程。

### 案例——模拟外卖订单

本案例通过实现 Runnable 接口创建一个线程，输出一个外卖订单，使用主线程输出一个订单，演示多线程的运行效果。

（1）在 Java 项目 ThreadDemo 中添加一个名为 OrderThread 的类，该类用于实现 Runnable 接口，并重写 run()方法。具体代码如下：

```java
//定义 Runnable 接口的实现类
public class OrderThread implements Runnable{
    public void run() {    //重写 run()方法
        for (int i=1;i<=3;i++)
            System.out.println("套餐 B"+i+"一份");
    }
}
```

（2）首先在项目中添加一个名为 TestRunnable 的类，编写 main()方法实例化线程对象，然后启动线程。具体代码如下：

```java
public class TestRunnable{
    public static void main(String[] args) {
        OrderThread target = new OrderThread();    //创建 target
        Thread tread = new Thread(target);         //实例化线程对象
        tread.start();                             //启动线程
        for (int i=1;i<=3;i++)
            System.out.println("套餐 A"+i+"一份");
    }
}
```

（3）运行 TestRunnable.java，在 Console 窗格中可以看到多线程的运行结果，如图 9-2 所示。

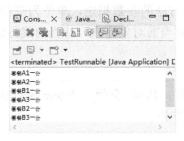

图 9-2　运行结果

# 任务二　应用多线程

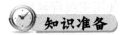

通过对任务一的学习，小白掌握了创建线程的方法，他明白，要想掌握多线程编程，就必须了解线程的生命周期，以及线程的各种状态。此外，他还想知道如何应用线程的特性解决各类实际问题。

知识准备

## 一、线程的常用方法

前面提到过，线程创建后，调用 start()方法进入就绪状态，在线程队列中排队等待执行；当线程获得 CPU 资源时就自动执行 run()方法，进入运行状态。在实际应用中，经常需要根据程序流程操作线程，强制使线程从某一种状态转换到另一种状态。下面简要介绍操作线程常用的几个方法。

### 1．start()方法

该方法用于启动线程，将新建状态的线程转换为就绪状态，进入线程队列。读者需要注意的是，只有处于新建状态的线程才可以调用 start()方法，调用之后不能再次调用该方法，否则会引起 IllegalThreadStateException 异常。

### 2．run()方法

该方法用于指定线程要执行的具体操作，当线程获得 CPU 资源后由系统自动调用该方法，使就绪状态的线程进入运行状态。该方法执行完成之后，线程进入消亡状态。

### 3．sleep()方法

在默认情况下，线程按照优先级从高到低的顺序调度执行，如果优先级高的线程未消亡，优先级低的线程就没有机会获得 CPU 资源。通过在优先级高的线程的 run()方法中调用 sleep()方法，可以使优先级高的线程暂时进入休眠，从而使优先级低的线程有机会被执行。线程休眠的时间由 sleep()方法的参数指定，单位为毫秒。休眠结束后，线程进入就绪状态。sleep()是静态方法，只对当前对象有效，让当前线程进入休眠。

 注意

线程在休眠时如果被中断，JVM 会抛出 InterruptedException 异常。因此，必须在 try-catch 代码块中调用 sleep()方法。

### 4．isAlive()方法

该方法用于判断线程是否启动。处于新建状态和消亡状态的线程可调用 isAlive()方法，返回 false。如果线程进入运行状态，且 run()方法没有执行完成，此时调用 isAlive()方法返回 true。

### 5．currentThread()方法

该方法是 Thread 类的一个静态方法，返回当前正在使用 CPU 资源的线程。此时，可以通过 getName()方法和 setName()方法分别获取和设置线程的名称。如果没有在线程启动前设置名称，系统会在使用时自动为线程分配一个形如 Thread-*N* 的名称。

### 6．interrupt()方法

一个占用 CPU 资源的线程可以使用该方法"吵醒"（中断）正在休眠的线程。此时休眠的线程会抛出 InterruptedException 异常，结束休眠，重新进入就绪状态等候 CPU 资源。

### 7．join()方法

该方法可以强制某个线程运行，在此期间，其他线程进入阻塞状态，必须等待此线程消亡之后才可以继续运行。

### 8．setPriority()方法

在多线程环境下，系统根据线程的优先级来决定就绪状态下的哪个线程首先进入运行状态。使用 setPriority()方法可以设置线程的优先级（1～10 的正整数）。Thread 类使用常量表示线程的优先级，例如，MIN_PRIORITY 代表数字 1；MAX_PRIORITY 代表数字 10；NORM_PRIORITY 代表数字 5。如果没有设置优先级，则为默认值 5。

> 注意
>
> 线程的优先级高低并不能决定线程的运行顺序，具体运行顺序由 CPU 的调度决定。

### 9．yield()方法

该方法可以暂停当前正在运行的线程，使线程进入阻塞状态，其他具有相同优先级的线程有进入运行状态的机会。

## 案例——模拟 VIP 插队排号

本案例使用 join()方法阻塞当前线程，模拟银行柜台 VIP 插队排号的场景。

（1）首先在 Java 项目 ThreadDemo 中新建一个名为 JoinDemo 的类，该类实现 Runnable 接口，重写 run()方法。然后编写 main()方法，创建线程对象，并使用 join()方法合并线程。具体代码如下：

```java
//定义 Runnable 接口实现类
public class JoinDemo implements Runnable{
    //重写 run()方法
    public void run() {
        for (int i=0;i<2;i++) {
```

```java
        //获取线程名称
        System.out.println(Thread.currentThread().getName()+(i+1)+"号请到窗口办理");
        try {
            Thread.sleep(2000);          //休眠2秒
        }catch (InterruptedException e) {
            e.printStackTrace();
        }
    }
}
public static void main(String[] args) {
    //使用Runnable接口实现类的实例创建线程对象vip
    JoinDemo target = new JoinDemo();
    Thread vip = new Thread(target);
    vip.setName("VIP客户");     //设置线程名称
    vip.start();
    for(int i=15;i<20;i++) {
        System.out.println((i+1)+"号客户请到窗口办理");
        try {
            vip.join();      //合并线程，强制运行线程vip,使其他线程进入阻塞状态
        }catch (InterruptedException e) {
            e.printStackTrace();
        }
    }
}
```

上面的代码在重写run()方法时，在for循环中调用currentThread()方法和getName()方法获取当前占用CPU资源的线程名称；使用sleep()方法使线程休眠2秒。在main()方法中创建线程对象vip后，调用setName()方法设置线程名称。启动线程vip，在for循环中合并线程vip并强制其运行。

（2）运行程序，在Console窗格中可以看到运行结果，如图9-3所示。

图9-3　运行结果

从运行结果中可以看出，线程vip调用join()方法之后，主线程进入阻塞状态，线程vip被强制运行直到结束，然后继续运行主线程。

## 二、实现线程同步

在多线程程序中，由于多个线程抢占资源，因此可能会发生资源访问的冲突，例如，

多个线程同时访问同一个变量，且某个线程需要修改这个变量的值。为了避免这种冲突对数据的安全性造成影响，Java 提供了线程同步机制。

所谓线程同步，是指当一个线程调用使用关键字 synchronized 修饰的代码块或方法时，其他线程要想使用这个代码块或方法就必须等待，直到上一个线程使用完该代码块或方法后其他线程才能使用。实现线程同步有两种方式：同步块和同步方法。

### 1. 同步块

使用关键字 synchronized 修饰的代码块被称为同步块，也被称为临界区，语法格式如下：

```
synchronized(同步对象){
    //需要同步的代码
}
```

从上面的语法格式中可以看出，在使用同步块时必须指定一个需要同步的对象，通常将当前对象 this 设置为同步对象。每个对象都存在一个标志位，具有 0 和 1 两个值。当一个线程运行到同步块时首先检查该对象的标志位，如果为 0，则表明有其他线程正在运行同步块，此时该线程处于就绪状态。运行同步块的线程结束后，同步对象的标志位被置为 1，就绪状态的线程开始运行同步块，并将同步对象的标志位置为 0。简单来说，同步就是指一个线程必须等待另一个线程结束运行后再继续运行的情况。共享资源的操作代码通常应被设置为同步。

### 2. 同步方法

所谓同步方法，就是使用关键字 synchronized 修饰的多个线程都要使用的方法，语法格式如下：

```
Synchronized 返回值类型 方法名(参数列表){
    //需要同步的代码
}
```

当某个对象调用同步方法时，该对象上的其他同步方法必须等待该同步方法执行完成后才能被执行。

● **案例——模拟景区售票**

因疫情防控，某景区开放了 3 个售票窗口实行限流售票。本案例使用同步块模拟景区售票。

（1）在 Java 项目 ThreadDemo 中新建一个名为 Tickets 的类，该类实现 Runnable 接口，在重写 run()方法时定义同步块。具体代码如下：

```java
public class Tickets implements Runnable{
    int num = 10;           //初始票数
    public void run() {     //重写 run()方法
        while(num>0) {
            //定义同步块，修改余票数量
            synchronized(this) {
                if(num>0) {
                    try {
                        Thread.sleep(500);    //休眠 0.5 秒
                    }catch(Exception e) {
```

```
                e.printStackTrace();
            }
            System.out.println(Thread.currentThread().getName()+
                "售出一张\t 余票: "+(--num));//输出售票信息和余票数
        }
    }
}
```

在上面的代码中，访问和修改余票是各个线程的共享资源操作，因此被放置在同步块中。一个线程在处理余票数据时，其他线程暂时处于就绪状态，等前一个线程处理完成，余票数减 1，其他线程才能进入同步块并处理余票数据。

（2）在项目 ThreadDemo 中添加一个名为 SaleTickets 的类。编写 main()方法，创建 3 个线程并启动线程。具体代码如下：

```
public class SaleTickets {
    public static void main(String args[]) {
        Tickets tickets =new Tickets();    //创建 Runnable 实例 tickets
        Thread[] td = new Thread[3];       //使用数组存放 3 个线程
        //创建线程，指定线程名称，并启动线程
        for(int i=0;i<3;i++) {
            td[i] = new Thread(tickets);
            td[i].setName((i+1)+"号窗口");
            td[i].start();
        }
    }
}
```

（3）运行 SaleTickets.java，在 Console 窗格中可以看到输出的售票信息及余票数，如图 9-4 所示。

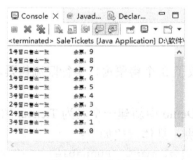

图 9-4 输出结果

### 三、协调同步的线程

同步有时会涉及一些特殊情况。比如旅客在排队进站时，会被要求出示身份证等相关证件。如果有人一时找不到身份证，相关人员就会要求他先在一旁寻找，并允许他后面的人先验证通行。如果找到了，他就可以从等待的位置开始验证通行。

在程序中，如果一个线程使用的同步方法要用到某个变量，而该变量又需要被其他线程修改后才能使用，此时可以在同步方法中使用 wait()方法中断线程，使其等待，并允许其他线程执行这个同步方法。其他线程执行完这个同步方法后，使用 notify()或 notifyAll()方法通知等待执行这个同步方法的线程进入就绪队列，等待分配系统资源，从中断处开始执行。如果有多个处于等待的线程，则遵循"先中断，先继续"的原则进入运行状态。

> **注意**
>
> wait()、notify()和 notifyAll()方法只能用在同步块或同步方法中，且不允许被重写。

### 1．wait()方法

该方法与 sleep()方法的功能类似，在非多线程运行条件的情况下都是当前线程让出运行机会，进入休眠/等待。不同的是，线程调用 wait()方法会释放其占有的资源，从运行状态转换为等待状态，使得其他线程可以进入 synchronized 代码块运行，且不需要捕获异常。而调用 sleep()方法不会释放资源，其他线程只能等待 synchronized 代码块中的线程结束休眠并运行完成后才能竞争，且必须捕获异常。

> **提示**
>
> 在实际应用中，wait()方法通常被放在一个"while(等待条件){}"循环结构中。

### 2．notify()方法

该方法用于通知等待队列中的第 1 个线程从等待状态进入就绪状态。

### 3．notifyAll()方法

该方法用于通知等待队列中的所有线程从等待状态进入就绪状态。

## 案例——排队购买蛋糕

假设顾客在蛋糕店排队购买蛋糕，但现在只剩芝士蛋糕了，如果需要其他蛋糕，则需要等待。本案例利用 wait()和 notifyAll()方法模拟排队购买蛋糕的场景。

（1）在 Java 项目 ThreadDemo 中新建一个名为 Customers 的类，该类实现 Runnable 接口，并定义一个同步方法处理购买蛋糕的事务。具体代码如下：

```java
public class Customers implements Runnable{
    public void run() {     //重写run()方法
        //不同顾客调用同步方法byCake()，参数为要购买的蛋糕种类
        if(Thread.currentThread().getName().equals("Lily")) {
            byCake("Besting cake");
        }
        else if(Thread.currentThread().getName().equals("Alex")) {
            byCake("cheese cake");
        }
    }
    //定义同步方法
    private synchronized void byCake(String cake) {
        //cheese cake 可以直接购买
```

```java
            if(cake=="cheese cake") {
                System.out.println(Thread.currentThread().getName()+"要买"+cake);
                System.out.println(Thread.currentThread().getName()+"买到了"+cake);
            }else {      //如果要购买其他种类的蛋糕,则输出提示信息
                try {
                    System.out.println(Thread.currentThread().getName()+"要买"+cake);
                    System.out.println(cake+"已售完");
                    System.out.println(Thread.currentThread().getName()+"等待糕点师制作蛋糕");
                    System.out.println("下一位顾客购买蛋糕");
                    wait();//中断当前线程,使其进入等待状态
                    Thread.sleep(2000);  //休眠2秒,输出提示信息
                    System.out.println(cake+"制作完成");
                    System.out.println(Thread.currentThread().getName()+"买到了"+cake);
                }catch(InterruptedException e) {}
            }
            notifyAll();     //唤醒等待中的线程,从中断处继续执行
        }
    }
}
```

（2）在项目中添加一个名为 Cakes 的类，该类用于创建两个线程并启动线程。具体代码如下：

```java
public class Cakes {
    public static void main(String[] args) {
        Customers target = new Customers();   //实例化 Runnable 实现类对象
        Thread[] customers = new Thread[2];   //使用数组存储两个线程
        String[] name = new String[]{"Lily","Alex"};   //指定线程名称
        //创建两个线程对象,设置名称并启动
        for(int i=0;i<2;i++) {
            customers[i]=new Thread(target);
            customers[i].setName(name[i]);
            customers[i].start();
        }
    }
}
```

（3）运行程序，在 Console 窗格中可以看到运行结果，如图 9-5 所示。

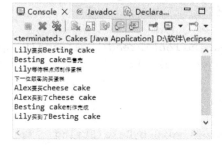

图 9-5　运行结果

## 四、GUI 线程

在运行包含图形用户界面的 Java 应用程序时，JVM 会自动启动一些专门用来监听和响应用户在图形用户界面上的操作的 GUI 线程。

GUI 线程负责建造窗口及处理 GUI 事件，任何一个特定窗口的消息总是被产生这一窗口的线程捕获，并派发给不同的窗口函数处理。GUI 线程中有两个重要的线程：AWT-EventQuecue 和 AWT-Windows。AWT-EventQuecue 线程负责处理 GUI 事件，而 AWT-Windows 线程则负责将窗口或组件绘制到桌面上。

在创建包含图形用户界面的 Java 多线程应用程序时，通常会继承 JFrame 类，并实现 Runnable 接口和需要的事件监听接口。

### 案例——字母游戏

本案例利用 Swing 组件、GUI 事件和多线程，制作一款字母游戏。

（1）在 Java 项目 ThreadDemo 中新建一个名为 RandomLetter 的类，该类继承自 JFrame 类，并实现 ActionListener 和 Runnable 接口。具体代码如下：

```java
import java.awt.Color;
import java.awt.FlowLayout;
import java.awt.Font;
import java.awt.event.ActionEvent;
import java.awt.event.ActionListener;
import javax.swing.JFrame;
import javax.swing.JLabel;
import javax.swing.JTextField;
//继承 JFrame 类，并实现 ActionListener 和 Runnable 接口
public class RandomLetter extends JFrame implements ActionListener, Runnable{
    JLabel info,letter,score,msg;           //标签组件
    JTextField input;                        //文本框
    Thread setLetter;                        //用于产生字母
    int sleepTime,scores;                    //休眠时间和得分
    RandomLetter(){
        setLayout(new FlowLayout());         //设置流式布局管理器
        setLetter = new Thread(this);        //创建线程
        letter = new JLabel("");             //显示生成的字母，初始值为空
        //设置产生的字母的字体和颜色
        letter.setFont(new Font("Arial",Font.BOLD,26));
        letter.setForeground(Color.RED);
        add(letter);                         //将 add()方法的参数添加到窗口
        info = new JLabel("请输入左侧的字母（按 Enter 键确认）");
        add(info);
        input = new JTextField(6);           //输入的字母
        add(input);
        score=new JLabel("得分：");
        score.setForeground(Color.BLUE);
        add(score);
```

```java
            msg=new JLabel("");                      //错误提示
            msg.setForeground(Color.RED);            //默认字号,显示红色
            msg.setAlignmentY(CENTER_ALIGNMENT);     //居中对齐
            add(msg);
            input.addActionListener(this);           //监听文本框的动作事件
            setBounds(100,200,420,120);              //设置窗口位置和大小
            setResizable(false);                     //设置窗口不可改变大小
            setVisible(true);                        //设置窗口可见
            setDefaultCloseOperation(EXIT_ON_CLOSE); //设置窗口关闭方式
            setLetter.start();    //在AWT-Windows线程中启动产生字母的线程
        }
        public void setSleepTime(int ms) {  //设置休眠时间
            sleepTime=ms;
        }
        public void run() {                 //重写Runnable接口的run()方法
            while(true) {
                char c = (char)(int)(Math.random()*26+97);  //生成随机字母
                letter.setText(""+c+"");                    //显示字母
                try {
                    Thread.sleep(sleepTime);    //休眠
                }catch(InterruptedException e) {}
            }
        }
        //重写ActionListener接口的actionPerformed()方法
        public void actionPerformed(ActionEvent e) {
            //获取产生的字母和输入的字母
            String s = letter.getText().trim();
            String in = input.getText().trim();
            if(s.equals(in)) {                    //如果输入的字母正确
                msg.setText(null);                //清空错误提示
                scores++;                         //计算得分
                score.setText("得分: "+scores);   //输出得分
                input.setText(null);              //清空文本框
                setLetter.interrupt();            //唤醒休眠的线程,产生新的字母
            }
            else                                  //如果输入的字母不正确,则输出错误提示
                msg.setText("错误,请重新输入! ");
        }
    }
```

(2) 在项目中添加一个名为LettersGame的类,编写main()方法实例化类对象。具体代码如下:

```java
public class LettersGame {
    public static void main(String[] args) {
        RandomLetter win = new RandomLetter();
        win.setTitle("字母游戏");           //设置窗口标题
        win.setSleepTime(5000);            //设置休眠时间
    }
}
```

}

（3）运行程序，打开如图 9-6 所示的界面。在文本框中输入一个字母，如果与给定的字母相同（包括大小写），则得分加 1；如果输入的字母与给定的字母不同，则输出一条错误提示，如图 9-7 所示。

图 9-6　运行结果（1）　　　　　　图 9-7　运行结果（2）

本案例由于指定了产生字母的线程生成字母后休眠 5 秒，因此如果输入的字母不正确或没有输入字母，则间隔 5 秒后显示的字母会被新产生的字母替换。如果在 5 秒内输入了正确的字母，则运行语句 setLetter.interrupt();，唤醒休眠的线程，立即产生新的字母。

## 项目总结

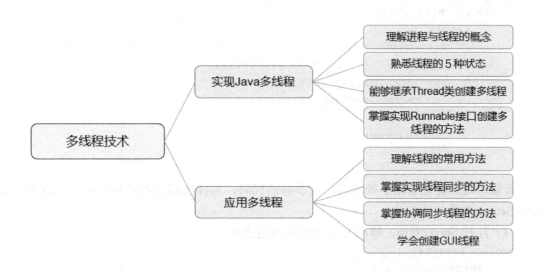

## 项目实战

本项目实战将在项目八的项目实战的基础上进行修改，分别创建服务器端线程和客户端线程。当一个客户端访问服务器端时，系统就会新建一个线程来处理这个客户端的事务，从而可以处理多个用户的请求。

（1）复制并粘贴"进销存管理系统 V8.0"，在 Copy Project 对话框中修改项目名称为"进销存管理系统 V9.0"，单击 Copy 按钮关闭对话框。

（2）在 net 包中新建一个名为 ServerThread 的类，继承 Thread 类，用于创建服务器端线程。具体代码如下：

```java
package net;

import java.io.IOException;
import java.io.InputStream;
import java.io.OutputStream;
import java.net.Socket;
import controller.ServerControllers;
import model.Goods;
import model.Results;

public class ServerThread extends Thread{
    Socket conn;
    byte[] buf=new byte[256];
    InputStream sin;
    OutputStream sout;
    public ServerThread(Socket conn) {    //构造方法
        this.conn=conn;
    }
    public void run() {                    //重写run()方法
        try {
            System.out.println("已连接到客户端"+conn.getInetAddress()
                + ",端口为"+conn.getPort());
            sin=conn.getInputStream();
            sout=conn.getOutputStream();
            //处理请求
            while(true) {
……
}
```

篇幅所限，此处省略了处理客户端事务的代码，具体代码读者可参见项目八的项目实战中 Server 类的构造方法。

（3）打开 Server.java，修改 Server 类的构造方法：

```java
public Server() {
    ServerSocket ss;
    Socket conn;
    //接收并处理客户端请求
    try {
        ss=new ServerSocket(2022);
        while(true) {
            System.out.println("服务器端准备就绪，等待连接请求");
            conn=ss.accept();           //阻塞线程
            ServerThread st=new ServerThread(conn);   //创建线程
            st.start();                 //启动线程
        }
    }catch(IOException e) {
        e.printStackTrace();
    }
```

}

(4) 在 net 包中新建一个名为 ClientThread 的类，继承 Thread 类，用于创建客户端线程。具体代码如下：

```java
package net;

import java.io.IOException;
import java.io.InputStream;
import java.io.OutputStream;
import java.net.Socket;

public class ClientThread extends Thread{
    Socket conn;                    //连接套接字
    InputStream cin;                //输入流
    OutputStream cout;              //输出流
    byte[] buf=new byte[20000];
    public ClientThread(Socket conn) {      //构造方法
        this.conn=conn;
    }
    public void run() {             //重写 run()方法
        try {
            System.out.println("已连接到服务器端");
            //创建输入流和输出流
            cin=conn.getInputStream();
            cout=conn.getOutputStream();
        }catch(IOException e) {
            e.printStackTrace();
        }
    }
}
```

(5) 打开 Client.java，修改静态代码块，并添加构造方法，代码如下：

```java
......
//静态代码块用于创建客户端套接字，只在第 1 次加载类时执行
static {
    try {
        conn=new Socket("127.0.0.1",2022);  //将套接字绑定到指定的服务器和端口
        //创建输入流和输出流
        in=conn.getInputStream();
        out=conn.getOutputStream();
    }catch(UnknownHostException e) {
        e.printStackTrace();
    } catch (IOException e) {
        e.printStackTrace();
    }
}
public Client() {  //构造方法
    ClientThread ct=new ClientThread(conn); //创建客户端线程
    ct.start();             //启动线程
```

```
    }
......
```

（6）打开 MainFrame.java，修改 main()方法的代码：

```java
public static void main(String[] args) {
    //使事件派发线程（按钮单击事件）中的运行对象排队，调用 run()方法更新窗口组件
    EventQueue.invokeLater(new Runnable() {
        public void run() {
            try {
                MainFrame window=new MainFrame();
                window.setVisible(true);
            }catch(Exception e) {
                e.printStackTrace();
            }
        }
    });
}
```

由于 Java 中的 Swing 组件是单线程的设计，只能从事件派发线程（如按钮的单击事件）中访问将要在屏幕上绘制的 Swing 组件。因此，事件监听器接口 ActionListener 中定义的事件处理方法 actionPerformed()要在事件派发线程中被调用。

如果要从事件派发线程以外的线程中更新 Swing 组件，则可以使用 SwingUtilities 类提供的方法 invokeLater()，使事件派发线程中的可运行对象排队。当可运行对象排在事件派发线程队列的队首时，就调用其 run()方法。其作用是允许事件派发线程调用另一个线程中的任意一个代码块。事件派发线程是一个队列，特点是只有执行完上一个事件的处理程序后，才会处理下一个事件。

（7）按照上一步同样的方法修改 InFrame.java、OutFrame.java 和 SearchFrame.java 中的 main()方法，使对应的窗口可见。

（8）依次运行 Server.java 和 MainFrame.java，在打开的图形用户界面中入库和出库商品。运行结果与项目八的项目实战的运行结果相同。

# 项目十

# 访问数据库

### 思政目标

- 找对学习方法,注重前后知识的迁移,能举一反三
- 鼓励应用创新,引导学生融会贯通,增强实践能力

### 技能目标

- 能够利用常见的 SQL 语句查询、更新、添加和删除记录
- 能够使用 JDBC 操作数据库中的数据

### 项目导读

在开发应用程序的过程中,数据库扮演着十分重要的角色,绝大多数的应用需要使用数据库来存储和管理数据。Java 提供了专门用于操作数据库的 API,即 JDBC。使用 JDBC 可以很容易地访问不同的数据库,对数据库中的记录进行查询、修改、删除和添加等。

# 任务一　SQL 语法基础

## 任务引入

之前小白创建的进销存管理系统使用数组存储商品信息，为便于后期的数据扩容和管理，他决定使用数据库存储、管理商品信息。为熟悉数据查询操作，他首先使用 SQL Server 创建了一个存储学生成绩的数据库 performance，然后创建了一张成绩表 score 并录入了数据。如果他要查询、更新、添加或删除数据库中的数据，可以使用什么语句呢？

## 知识准备

访问数据库要使用 SQL 语句。SQL（Structured Query Language，结构化查询语言）是一种用于与数据库通信的数据库语言，是关系数据库管理系统的标准语言。

SQL 语句主要有以下三大类语言，每一类语言包含或多或少的语句，应用于不同的应用程序中。

- 数据定义语言（DDL）：用于定义数据的结构，例如，创建、修改或删除数据库或数据库中的对象（如表、视图、存储过程、触发器等）。
- 数据操纵语言（DML）：用于操作数据表中的数据，主要包括插入、删除、更新、查找、过滤和排序数据等，是最常用的核心 SQL 语言。
- 数据控制语言（DCL）：用于分配数据库用户的权限。

在一般的应用程序中使用较多的是数据操纵语言，可以使用 CRUD 概括地表示对数据库的常见操作，即表的创建（Create）、数据检索（Retrieve）、数据更新（Update）和数据删除（Delete）操作。

SQL 语句很复杂也很庞大，因篇幅有限，本任务仅简要介绍常用的数据操纵语句，更多的 SQL 语句读者可以查阅相关资料进行学习。

## 一、select 语句

select 语句用于在数据表中检索符合查询条件的数据行，仅包含指定的字段。其语法格式如下：

```
SELECT 所选字段列表
FROM 数据表名
[WHERE 查询条件表达式]
[ORDER BY 字段名 [ASC|DESC]
```

如果要检索数据表中的所有列，则可以使用通配符（*）替代"所选字段列表"。

ORDER 子句用于将查询结果集按照某个字段值排序，关键字 ASC 表示升序，DESC 表示降序。

## 案例——查询成绩表

SQL Server 数据库 performance 中的 score 表由一群学生的成绩记录组成，每行包含 4 个字段，即 name（学生姓名）、Math（数学成绩）、Chinese（语文成绩）和 English（英语成绩），如图 10-1 所示。

如果要查询该表中数学成绩在 90 分及以上的学生名单及对应的数学成绩，并将结果进行降序排列，则可以利用如下 SQL 语句：

```
SELECT name, Math
FROM score
WHERE (Math >= 90)
ORDER BY Math DESC
```

select 语句查询结果如图 10-2 所示。

| name | Math | Chinese | English |
|------|------|---------|---------|
| Tomy | 90 | 85 | 90 |
| Martin | 92 | 84 | 90 |
| Olivia | 87 | 90 | 95 |
| Susie | 88 | 91 | 91 |

图 10-1　score 表　　　　　　　　图 10-2　select 语句查询结果

## 二、insert 语句

insert 语句用于在一张表中插入单行或多行数据，同时赋给每个列相应的值，如果这个值支持它们定义的物理顺序中的所有的值，则不需要字段名。其语法格式如下：

```
INSERT [INTO] 表名或视图名
[(字段列表)]
VALUES(字段值列表)
```

例如，下面的语句用于在表 score 中插入学生 Alex 的成绩记录：

```
INSERT INTO score
(name, Math, Chinese, English)
VALUES ('Alex', 87, 93, 92)
```

其中，字段列表可以省略。执行上面的语句后，表 score 如图 10-3 所示。

| name | Math | Chinese | English |
|------|------|---------|---------|
| Tomy | 90 | 85 | 90 |
| Martin | 92 | 84 | 90 |
| Olivia | 87 | 90 | 95 |
| Susie | 88 | 91 | 91 |
| Alex | 87 | 93 | 92 |

图 10-3　插入记录后的 score 表

## 三、update 语句

update 语句用于根据查询条件更新数据表中的某些字段值。其语法格式如下：

```
UPDATE 数据表名
SET 字段名1 = 字段值1, 字段名2 = 字段值2,…
WHERE 条件表达式
```

例如，使用以下语句，可以在表 score 中修改 Olivia 的数学和英语成绩：

```
UPDATE  score
SET Math = 89, English = 92
WHERE (name = 'Olivia')
```

 注意

SQL 语句中的字符串应包含在单引号中。

执行上面的语句后，表 score 如图 10-4 所示。

| name | Math | Chinese | English |
|---|---|---|---|
| Tomy | ... 90 | 85 | 90 |
| Martin | ... 92 | 84 | 90 |
| Olivia | 89 | 90 | 92 |
| Susie | 88 | 91 | 91 |

图 10-4　更新记录后的 score 表

### 四、delete 语句

delete 语句用于在数据表中删除符合指定条件的数据行。其语法格式如下：

```
DELETE FROM 数据表名 [WHERE 条件表达式]
```

如果有查询条件，则删除与查询条件相符的数据行；如果没有查询条件，则删除所有的记录。

例如，下面的语句用于删除表 score 中语文成绩小于 90 分的成绩记录：

```
DELETE FROM score
WHERE  (Chinese < 90)
```

执行上面的语句后，score 表如图 10-5 所示。

| name | Math | Chinese | English |
|---|---|---|---|
| Olivia | 89 | 90 | 92 |
| Susie | 88 | 91 | 91 |
| Alex | 87 | 93 | 92 |

图 10-5　删除记录后的 score 表

# 任务二　使用 JDBC 访问数据库

### 任务引入

小白掌握了常用的 SQL 语句后，想利用图形用户界面修改数据库中的数据，但是怎样将数据库与 Java 应用程序关联起来呢？他查看相关资料后得知，JDBC 为连接数据库提供了统一的规范，决定采用 JDBC 访问数据库。那么该如何在系统中部署 JDBC，连接数据库呢？查询数据后怎样输出满足条件的数据记录呢？

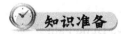 知识准备

## 一、JDBC 概述

JDBC（Java Database Connectivity，Java 数据库连接）是一个用于执行 SQL 语句的 Java API，提供了一套数据库操作标准，可以采用相同的 API 实现对多种关系数据库的统一操作，从而提高 Java 应用程序多数据库的可移植性。简单来说，JDBC 能实现以下 3 种功能。

- 与一个数据库建立连接。
- 向数据库发送 SQL 语句。
- 处理数据库返回的结果。

JDBC 由两层构成：上层是 JDBC API，负责 Java 应用程序与 JDBC 驱动程序管理器的通信，发送程序中的 SQL 语句；下层是 JDBC 驱动程序 API，负责 JDBC 驱动程序管理器与实际连接的数据库的厂商驱动程序和第三方驱动程序的通信，返回查询结果或者执行规定的操作。

如果要使用 JDBC 访问某个数据库中的数据，则计算机上必须安装 JDBC 驱动程序。

## 二、部署 JDBC 驱动程序

JDBC 为每个数据库厂商提供了一个 JDBC 驱动程序。在连接到数据库之前，必须先在本地计算机上安装数据库和 JDBC 驱动程序。

不同版本的 JDBC 驱动程序对 JRE 的要求也不相同，因此在部署 JDBC 驱动程序之前，要先选择正确的 JAR 类库文件。例如，Microsoft JDBC Driver 10.2 安装包中包含 3 个 JAR 类库：mssql-jdbc-10.2.0.jre8.jar、mssql-jdbc-10.2.0.jre11.jar 和 mssql-jdbc-10.2.0.jre17.jar。其中，mssql-jdbc-10.2.0.jre11.jar 需要使用 JRE 11.0，使用 JRE 10.0 或更低版本会引发异常。mssql-jdbc-10.2.0.jre17.jar 需要使用 JRE 17.0，使用较低版本会引发异常。关于 JDBC 驱动程序的具体系统要求，读者可参见对应数据库的官网说明。

由于 JDBC 类库文件不是 Java SDK 的一部分，因此在下载合适的类库文件后，应将 JAR 类库文件包含在用户应用程序的环境变量 CLASSPATH 中。如果使用 JDBC Driver 10.2，应在环境变量 CLASSPATH 中包含 mssql-jdbc-10.2.0.jre8.jar、mssql-jdbc-10.2.0.jre11.jar 或 mssql-jdbc- 10.2.0.jre17.jar，如图 10-6 所示。

图 10-6　设置环境变量 CLASSPATH

如果在 IDE 中运行访问数据库的 Java 项目，则需要将 JDBC 数据库驱动包添加到当前

项目的构建路径中，步骤如下。

（1）在 Eclipse 中选中项目名称并右击，在弹出的快捷菜单中选择 Build Path→Configure Build Path 命令。

（2）在打开的 Properties for StudentQuery 对话框左侧窗格中选择 Java Build Path 选项，然后在 Libraries 选项卡中选择 Classpath 选项，并单击 Add Library 按钮，如图 10-7 所示。

（3）在打开的 Add Library 对话框的库列表框中选择 User Library 选项，然后单击 Next 按钮，在弹出的对话框中，依次单击 User Libraries 按钮和 New 按钮，新建一个用户库。

（4）依次单击 OK 按钮和 Apply and Close 按钮关闭对话框。单击 Add External JARs 按钮，在打开的对话框中选择与 JRE 匹配的 JDBC JAR 包文件（比如与 JRE 17 匹配的 mssql-jdbc-10.2.0.jre17.jar）。单击 Open 按钮关闭对话框，此时可以看到新建的用户库，如图 10-8 所示。

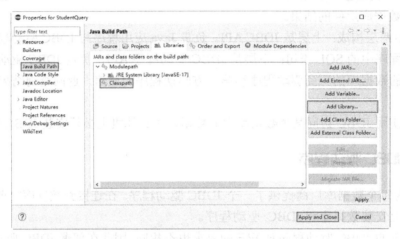

图 10-7　Properties for StudentQuery 对话框

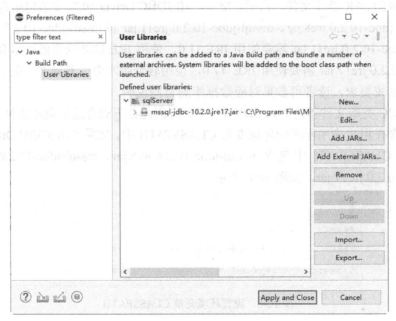

图 10-8　新建的用户库

（5）依次单击 Apply and Close 按钮和 Finish 按钮关闭对话框。此时在 Properties for StudentQuery 对话框中可以看到添加的类库路径，如图 10-9 所示。

图 10-9　添加的类库路径

（6）添加完成后，单击 Apply and Close 按钮关闭对话框。

## 三、连接数据库

使用 JDBC 数据库驱动方式和数据库建立连接需要经过两个步骤：注册 JDBC 驱动程序；与指定数据库建立连接。这些操作通过使用 JDBC 中的 Driver 接口、DriverManager 类和 Connection 接口来实现。

### 1．注册 JDBC 驱动程序

注册驱动程序就是将特定数据库的驱动程序类装载到 JVM 中。每个数据库的驱动程序都提供了一个实现 Driver 接口的类，简称 Driver 类，它是应用程序必须首先加载的类，用于向驱动程序管理器（java.sql.DriverManager 类）注册该类的实例，以便驱动程序管理器管理数据库驱动程序。

在 JDBC API 4.0 之前，通常使用 java.lang.Class 类的静态方法 forName(className)加载要连接的数据库驱动程序类，并将加载的类自动向 DriverManager 类注册，参数为要加载的数据库驱动程序的完整类名。如果加载失败，则抛出 ClassNotFoundException 异常。

例如，下面的程序段可用于检测 SQL Server 数据库驱动程序类是否加载成功。

```
try {
// 加载 JDBC 驱动程序类
    Class.forName("com.microsoft.sqlserver.jdbc.SQLServerDriver");
    out.println("驱动程序类加载成功");
}catch(ClassNotFoundException e) {
    out.println("在加载驱动程序类时出现异常");
}
```

提示

在加载驱动程序类之前，应先确保驱动程序类已经在 Java 编译器的类路径中，否则会抛出找不到相关类的异常信息。要在项目中添加数据库驱动程序类，可以将下载的 JDBC 驱动程序类直接存放在 Web 服务目录的 WEB-INF/lib/目录下。

从 JDBC API 4.0 开始，DriverManager.getConnection()方法得到了增强，可自动加载 JDBC 驱动程序类。因此，在使用驱动程序 JAR 类库时，应用程序无须调用 forName(className) 方法注册驱动程序。当前使用 forName(className)方法加载驱动程序类的现有应用程序仍可继续工作，无须修改。

### 2. 与指定数据库建立连接

在注册数据库驱动程序后，Java 应用程序和数据库之间还没有建立连接，需要调用 DriverManager 类的静态方法 getConnection()获得一个 Connection 对象，建立 Java 应用程序与指定数据库之间的连接。

获得 Connection 对象的过程涉及两个主要 API：java.sql.DriverManager 类和 java.sql. Connection 接口。DriverManager 是 JDBC 用于管理驱动程序的类，主要用于管理用户应用程序与特定数据库之间的连接。Connection 接口类对象是应用程序连接数据库的连接对象，主要作用是调用 createStatement()方法创建语句对象。DriverManager 类有如下两个用于建立连接的静态方法：

```
Connection conn = DriverManager.getConnection(URL, user, password);
Connection conn = DriverManager.getConnection(URL);
```

URL 参数是每个 JDBC 驱动程序专用的 JDBC URL，语法格式如下：

```
jdbc:子协议:数据库定位器
```

子协议与 JDBC 驱动程序有关，根据实际的 JDBC 驱动程序厂商确定。

 提示

不同版本的 SQL Server 的子协议有所不同。SQL Server 2005 之前版本的子协议为 microsoft:sqlserver；而 SQL Server 2005 及之后版本的子协议为 sqlserver。

数据库定位器用于指定要与应用程序进行交互的数据库，根据驱动程序的类型，可以包括主机名、端口和数据库名称。例如，连接 SQL Server 数据库 sample 的 URL 为 "jdbc:sqlserver://localhost:1433;DatabaseName=sample"。localhost（或 127.0.0.1）表示本机地址，1433 是 SQL Server 的默认端口，sample 是数据库名称。

很多驱动程序还支持在 URL 末尾附加参数，如数据库的用户名和密码，此时采用 getConnection()方法的第 2 种格式。例如，以下语句用于连接 MySQL 数据库 sample：

```
String url = "jdbc:mysql://localhost:3306/sample?user=root&password= 123";
Connection conn = DriverManager.getConnection(url);
```

参数 user 和 password 分别为用户登录数据库管理系统所使用的用户名和密码。如果没有设置用户名和密码，则不设置这两个参数即可。

由于 getConnection()方法可能抛出 SQLException 异常，因此在程序中应捕获异常。例如，与 SQL Server 数据库 student 建立连接的语句如下：

```
try{
    String url = "jdbc:sqlserver://localhost:1433;DatabaseName=student";
```

```
        Connection con = DriverManager.getConnection(url, "sa", "123456");
} catch(SQLException e){
    //处理异常
}
```

> **注意**
>
> 如果数据表的记录包含汉字,则在建立连接时应在 URL 中附加一个 characterEncoding 参数,值为 utf-8 或 gb2312。

## 四、操作数据库

与数据库建立连接后,Java 应用程序就可以使用 JDBC 提供的 API 与数据库进行交互。交互的主要方式是使用 SQL 语句,JDBC 将标准的 SQL 语句发送到数据库,数据库执行指令并处理查询结果后返回结果集。

### 1. 发送、执行 SQL 指令

要向数据库发送 SQL 指令,首先需要使用 Statement 接口类对象声明一条 SQL 语句,然后通过创建的 Connection 对象调用方法 createStatement()创建这个 SQL 语句对象,语法格式如下:

```
try{
    Statement sql=con.createStatement();
}catch(SQLException e){
    //处理异常
}
```

Statement 接口定义了执行语句和获取结果的基本方法,用于将不带参数的简单 SQL 语句发送到数据库,并获取指定 SQL 语句的执行结果。Statement 接口包含以下 3 个执行 SQL 语句的方法。

- execute(String sql):可用于执行任何 SQL 语句,返回值为布尔类型。如果值为 true,表明有结果集,通常是执行了 select 查询语句;如果值为 false,表明没有结果集,通常是执行了 insert、delete、update 等增、删、改语句。
- executeQuery(String sql):通常用于执行 select 查询语句,返回单个 ResultSet 结果集。
- executeUpdate(String sql):常用于执行 DML 和 DDL 语句,返回值为 int 类型。在执行 DML 语句时,返回受 SQL 语句影响的数据行数;在执行 DDL 语句时,返回 0。

当 Connection 对象处于默认状态时,所有 Statement 对象都是自动执行的,也就是说,当 Statement 对象执行 SQL 语句时,该 SQL 语句立即被提交到数据库并返回结果集。如果将连接修改为手动提交的事务模式,则只有在执行 commit()方法时,才会提交相应的数据库操作。Statement 对象使用完毕后,最好使用 close()方法将其关闭。

如果要执行动态 SQL 语句,可使用 PreparedStatement 接口类对象,该接口继承自 Statement 接口,具有 Statement 接口的所有方法。由于 PreparedStatement 实例对象保存了已被预编译的 SQL 语句,因此执行速度比 Statement 对象更快。

通过调用 Connection 接口类对象的 preparedStatement()方法可创建 PreparedStatement 对象,语法格式如下:

```
Connection conn = DriverManager.getConnection(url,"user","password");
PreparedStatement pstmt = conn.preparedStatement(String sql);
```

从上面的语法格式中可以看出，在使用 preparedStatement()方法创建 PreparedStatement 对象时，需要使用 SQL 指令字符串作为参数，以实现 SQL 指令的预编译。在 SQL 指令中可以包含一个或多个 IN 参数，也可以使用"?"作为占位符。在调用 executeQuery()方法或 executeUpdate()方法之前，使用如表 10-1 所示的 set×××()方法为占位符赋值。

表 10-1　PreparedStatement 接口常用的方法

| 方法 | 说明 |
| --- | --- |
| setInt(int index, int k) | 将 SQL 指令中出现次序为 index 的参数设置为 int 值 k |
| setFloat(int index, float k) | 将 SQL 指令中出现次序为 index 的参数设置为 float 值 k |
| setLong(int index, long k) | 将 SQL 指令中出现次序为 index 的参数设置为 long 值 k |
| setDouble(int index, double k) | 将 SQL 指令中出现次序为 index 的参数设置为 double 值 k |
| setDate(int index, date k) | 将 SQL 指令中出现次序为 index 的参数设置为 date 值 k |
| setString(int index, String s) | 将 SQL 指令中出现次序为 index 的参数设置为 String 值 s |
| setNull(int index, int sqlType) | 将 SQL 指令中出现次序为 index 的参数设置为 SQL NULL |

例如，下面的程序段利用 PreparedStatement 对象在 score 表中插入一条记录：

```
try{
    //包含 4 个占位符的 SQL 指令
    String sql = "insert into score(name,Math,Chinese,English) values (?,?,?,?)";
    // 创建 PreparedStatement 对象 pstmt
    PreparedStatement pstmt = conn.preparedStatement(sql);
    // 为占位符赋值
    pstmt.setString(1,"Jeson");    //为 name 字段赋值
    pstmt.setInt(2,85);            //为 Math 字段赋值
    pstmt.setInt(3,92);            //为 Chinese 字段赋值
    pstmt.setInt(4,94);            //为 English 字段赋值
    pstmt.executeUpdate();         //执行插入操作
}catch(IOException e){ }
```

### 2. 返回结果集

如果执行的 SQL 语句是查询语句，则返回一个 ResultSet 对象来存放查询结果。ResultSet 对象由按字段组织的数据行构成，具有指向当前数据行的游标。当获得一个 ResultSet 对象时，游标指向第 1 条记录之前的位置，用户一次只能看到一个数据行。通过 next()方法可移到下一个数据行，没有下一行时返回 false。

获得一行数据后，ResultSet 对象可以使用如表 10-2 所示的 get×××()方法获取字段值，方法的参数可以是字段的索引或者字段的名称。

表 10-2　获取结果集字段值的常用方法

| 方法 | 说明 |
| --- | --- |
| getInt(int columnIndex)或 getInt(String columnLabel) | 以 int 类型返回 ResultSet 对象当前数据行指定列的值。如果列值为 NULL，则返回 0 |

续表

| 方法 | 说明 |
|---|---|
| getFloat(int columnIndex)或 getFloat(String columnLabel) | 以 float 类型返回 ResultSet 对象当前数据行指定列的值。如果列值为 NULL，则返回 0 |
| getDate(int columnIndex)或 getDate(String columnLabel) | 以 date 类型返回 ResultSet 对象当前数据行指定列的值。如果列值为 NULL，则返回 null |
| getBoolean(int columnIndex)或 getBoolean(String columnLabel) | 以 boolean 类型返回 ResultSet 对象当前数据行指定列的值。如果列值为 NULL，则返回 null |
| getString(int columnIndex)或 getString(String columnLabel) | 以 String 类型返回 ResultSet 对象当前数据行指定列的值。如果列值为 NULL，则返回 null |

在默认情况下，ResultSet 对象的游标只能向下一行单向移动，如果要在结果集中向前移动或显示结果集指定的某条记录，则首先需要调用 Connection 对象的 createStatement(int type,int concurrency)方法创建一个 Statement 对象，然后执行 SQL 语句返回一个可以移动的结果集。其语法格式如下：

```
Statement st = conn.createStatement(int type, int concurrency);
ResultSet rs = st.executeQuery(String sql);
```

其中，参数 type 的取值（见表 10-3）决定移动方式；参数 concurrency 的取值（见表 10-4）决定是否可以用结果集更新数据表。

表 10-3 参数 type 的取值

| 值 | 含义 |
|---|---|
| ResultSet.TYPE_FORWORD_ONLY | 游标只能向下移动 |
| ResultSet.TYPE_SCROLL_INSENSITIVE | 游标可以上下移动，当数据库发生变化时，当前结果集不变 |
| ResultSet.TYPE_SCROLL_SENSITIVE | 游标可以上下移动，当数据库发生变化时，当前结果集同步改变 |

表 10-4 参数 concurrency 的取值

| 值 | 含义 |
|---|---|
| ResultSet.CONCUR_READ_ONLY | 不能用结果集更新数据表 |
| ResultSet.CONCUR_UPDATETABLE | 能用结果集更新数据表 |

在创建可以移动的结果集后，利用 ResultSet 接口提供的一些方法可以很方便地在结果集中移动游标，如表 10-5 所示。

表 10-5 移动游标的常用方法

| 方法 | 说明 |
|---|---|
| first() | 将游标移到结果集的第一行 |
| next() | 将游标移到当前数据行的下一行 |
| last() | 将游标移到结果集的最后一行 |
| beforeFirst() | 将游标移到结果集的第一行之前 |
| beforeLast() | 将游标移到结果集的最后一行之后 |
| absolute(int row) | 将游标移到参数 row 指定的行号。需要注意的是，如果 row 为负值，则表示倒数的行号，即 absolute(-1) 表示将游标移到结果集的最后一行 |

在结果集中移动游标后，使用 getRow()方法可以获取游标所指向的行号，如果结果集没有行，则返回 0。使用 isFirst()方法和 isLast()方法可以分别判断游标是否指向结果集的第一行和最后一行。

**注意**

在对数据库进行操作时，返回的 ResultSet 对象与 Connection 对象是有紧密联系的，如果使用 close()方法关闭连接对象，ResultSet 对象中的数据会立刻消失。因此，应在数据库操作结束后关闭数据库连接，释放资源，包括关闭 ResultSet 对象和 Statement 对象等资源。

## 案例——修改成绩表

本案例利用图形用户界面修改 SQL Server 数据库 performance 中的成绩表 score。成绩表 score 的初始数据行如图 10-10 所示。

DESKTOP-DTOQV3...nce - dbo.score

| | name | Math | Chinese | English |
|---|---|---|---|---|
| ▶ | Olivia | 89 | 90 | 92 |
| | Susie | 88 | 91 | 91 |
| | Alex | 87 | 93 | 92 |
| * | NULL | NULL | NULL | NULL |

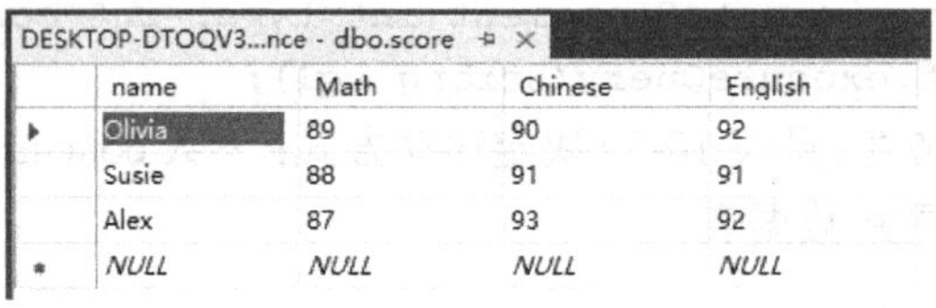

图 10-10　成绩表 score 的初始数据行

（1）首先在 Eclipse 中新建一个名为 StudentQuery 的 Java 项目。然后在项目中添加一个名为 StudentList 的类，创建图形用户界面，为按钮注册监听器，监听 ActiveEvent 事件，并使用匿名内部类访问数据库，处理按钮的 ActiveEvent 事件。具体代码如下：

```
import java.awt.Container;
import java.awt.event.ActionListener;
import java.awt.event.ActionEvent;

import java.sql.Connection;
import java.sql.DriverManager;
import java.sql.PreparedStatement;
import java.sql.ResultSet;
import java.sql.SQLException;

import javax.swing.JButton;
import javax.swing.JFrame;
import javax.swing.JOptionPane;
import javax.swing.JScrollPane;
import javax.swing.JTextArea;

public class StudentList extends JFrame{
    private static final long serialVersionUID = 1L;
    //定义组件
    private JButton insertBtn,modifyBtn,deleteBtn;
    private JTextArea show;
```

```java
    private JScrollPane roll;
    private Container content;
    //定义JDBC URL,在客户端与服务器端之间发送的所有数据使用安全套接字层(SSL)进行
    //加密,JDBC Driver自动信任SQL Server SSL证书
    private String url = "jdbc:sqlserver://localhost:1433;DatabaseName=performance;encrypt=true;trustServerCertificate=true";
    static Connection conn;                //Connection 对象
    static PreparedStatement pst;          //PreparedStatement 接口类对象
    static ResultSet rs = null;            //结果集
    public StudentList() {                 //构造方法
        setTitle("编辑成绩表");              //设置窗口标题
        setBounds(100, 100, 370, 300);     //设置窗口位置和大小
        setResizable(false);               //不可改变窗口大小
        setDefaultCloseOperation(JFrame.EXIT_ON_CLOSE); //设置窗口关闭方式
        init();                            //调用成员方法初始化图形用户界面
    }
    void init() {
        content = this.getContentPane();   //获取容器
        content.setLayout(null);           //使用绝对定位进行布局
        //实例化3个按钮
        insertBtn = new JButton("插入记录");
        modifyBtn = new JButton("修改记录");
        deleteBtn = new JButton("删除记录");
        //设置按钮位置和大小
        insertBtn.setBounds(5,10,110,30);
        modifyBtn.setBounds(120,10,110,30);
        deleteBtn.setBounds(235,10,110,30);
        //为"插入记录"按钮注册监听器,使用匿名内部类处理ActionEvent事件
        insertBtn.addActionListener(new ActionListener() {
            public void actionPerformed(ActionEvent e) {
                String sql = "insert into score(name,Math,Chinese,English) values(?,?,?,?)";     //SQL指令,使用参数占位符
                try {
                    //连接数据库
                    conn = DriverManager.getConnection(url, "sa", "123456");
                    pst = conn.prepareStatement(sql);//获得PreparedStatement对象
                    //为各个占位符赋值
                    pst.setString(1, "Shally");
                    pst.setInt(2, 96);
                    pst.setInt(3, 92);
                    pst.setInt(4, 98);
                    pst.executeUpdate();           //执行SQL指令
                    //在文本域中追加操作信息
                    show.append("插入以下记录: \n");
                    show.append("name:Shally\nMath:96\nChinese:92\nEnglish:98\n");
                    //提示对话框
```

```java
                    JOptionPane.showMessageDialog(null, "插入成功！");
                    //调用成员方法关闭结果集、数据库连接和 PreparedStatement 对象
                    close(rs, conn, pst);
                }catch(Exception e1) {           //捕获异常
                    e1.printStackTrace();
                    JOptionPane.showMessageDialog(null, "插入失败，请确保学生 Shally 不存在！");
                }
            }
        });
        content.add(insertBtn);              //将按钮添加到容器中
        //为"修改记录"按钮注册监听器，使用匿名内部类处理 ActionEvent 事件
        modifyBtn.addActionListener(new ActionListener() {
            public void actionPerformed(ActionEvent e) {
                String sql = "update score set Math = 92 where name = 'Alex'";
                try {
                    conn = DriverManager.getConnection(url, "sa", "123456");
                    pst = conn.prepareStatement(sql);
                    pst.executeUpdate();
                    show.append("Alex 的 Math 成绩被修改为 92！\n");
                    JOptionPane.showMessageDialog(null, "修改成功！");
                    close(rs, conn, pst);
                }catch(Exception e2) {
                    e2.printStackTrace();
                    JOptionPane.showMessageDialog(null, "修改失败，请确保学生 Alex 存在！");
                }
            }
        });
        content.add(modifyBtn);              //将按钮添加到容器中
        //为"删除记录"按钮注册监听器，使用匿名内部类处理 ActionEvent 事件
        deleteBtn.addActionListener(new ActionListener() {
            public void actionPerformed(ActionEvent e) {
                String sql = "delete from score where name = 'Susie'";
                try {
                    conn = DriverManager.getConnection(url, "sa", "123456");
                    pst = conn.prepareStatement(sql);
                    pst.executeUpdate();
                    show.append("删除学生 Susie 的成绩！\n");
                    JOptionPane.showMessageDialog(null, "删除成功！");
                    close(rs, conn, pst);
                }catch(Exception e3) {
                    e3.printStackTrace();
                    JOptionPane.showMessageDialog(null, "删除失败，请确保学生 Susie 存在！");
                }
            }
        });
```

```java
        content.add(deleteBtn);              //将按钮添加到容器中
        show= new JTextArea();               //实例化文本域
        roll = new JScrollPane(show);        //为文本域添加滚动条
        roll.setBounds(5,50,340,200);        //设置滚动面板位置和大小
        //设置总是显示滚动条
        roll.setVerticalScrollBarPolicy(JScrollPane.VERTICAL_SCROLLBAR_ALWAYS);
        content.add(roll);                   //将滚动面板添加到容器中
    }

    //定义成员方法,关闭所有的资源
    private static void close(ResultSet rs, Connection conn, PreparedStatement pst) {
        try {
            if (rs!= null)
                rs.close();
            if (pst!= null)
                pst.close();
            if (conn!= null)
                conn.close();
        }catch (SQLException e) {
            e.printStackTrace();
        }
    }
}
```

（2）在项目中添加一个名为 TestConnection 的类,在其中添加 main()方法,调用 invokeLater()方法使事件派发线程上的运行对象排队,并调用 run()方法更新窗口组件,具体代码如下:

```java
import java.awt.EventQueue;

public class TestConnection {
    public static void main(String[] args) {
        //使事件派发线程(按钮单击事件)上的运行对象排队,调用run()方法更新窗口组件
        EventQueue.invokeLater(new Runnable() {
            public void run() {
                try {
                    StudentList frame = new StudentList();    //实例化窗口
                    frame.setVisible(true);  //设置窗口可见
                } catch (Exception e) {
                    e.printStackTrace();
                }
            }
        });
    }
}
```

（3）在 Package Explorer 窗格中选中项目名称并右击,选择 Build Path→Configure Build

Path 命令,将 JDBC 数据库驱动包 mssql-jdbc-10.2.0.jre17.jar 添加到当前项目的构建路径中。

(4) 运行程序,打开如图 10-11 所示的图形用户界面。单击"插入记录"按钮,弹出一个提示对话框,并在文本域中显示插入的信息,如图 10-12 所示。

(5) 单击"修改记录"按钮,弹出一个提示对话框,并在文本域中显示修改记录的信息,如图 10-13 所示。

(6) 单击"删除记录"按钮,弹出一个提示对话框,并在文本域中显示删除记录的信息,如图 10-14 所示。

此时打开数据库,可以看到经过以上操作后的成绩表 score,如图 10-15 所示。

图 10-11　图形用户界面

图 10-12　插入记录

图 10-13　修改记录

图 10-14　删除记录

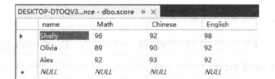
图 10-15　经过操作后的成绩表 score

# 项目总结

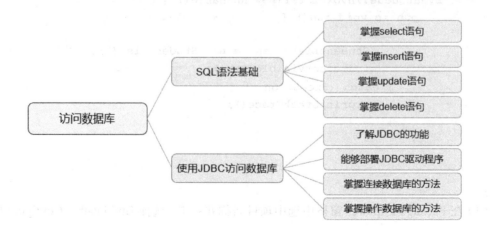

## 项目实战

为了便于存储、管理入库和出库的商品,小白决定使用 JDBC+SQL Server 改进、完善进销存管理系统。

(1)启动数据库并登录,首先新建一个名为 products 的数据库,然后在数据库中添加一个名为 inbound 的数据表,结构如图 10-16 所示。

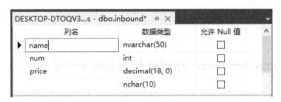

图 10-16 数据表 inbound 的结构

(2)在 Eclipse 中复制并粘贴项目"进销存管理系统 V9.0",在 Copy Project 对话框中修改项目名称为"进销存管理系统 V10.0",单击 Copy 按钮关闭对话框。

(3)在项目中添加与 JRE 匹配的 JDBC JAR 包文件(与 JRE 17 匹配的包文件为 mssql-jdbc-10.2.0.jre17.jar)。

(4)在项目中添加一个名为 data 的包,在该包中添加一个名为 DBConnect 的类,用于管理数据库连接。在该类中定义方法,用于连接数据库和关闭数据库连接。关键代码如下:

```java
……
public class DBConnect {
    //连接数据库的 URL 参数
    static final String url="jdbc:sqlserver://localhost:1433;"
            + "DatabaseName=products;encrypt=true;"
            + "trustServerCertificate=true";
    static final String user="sa";           //用户名
    static final String password="123456";   //密码
    //获取 Connection 对象
    public static Connection getConnection() {
        try {  //连接指定的数据库并返回连接对象
            return DriverManager.getConnection(url,user,password);
        }catch(SQLException e) {
            e.printStackTrace();
            return null;
        }
    }
    //关闭结果集、SQL 语句对象和打开的数据库连接
    public static void closeConnection(ResultSet rs,Statement st,Connection conn) {
        try {
            if(rs!=null)
```

```java
                rs.close();
            if(st!=null)
                st.close();
            if(conn!=null)
                conn.close();
        }catch(SQLException e) {
            e.printStackTrace();
        }
    }
    //如果结果集为空，则关闭SQL语句对象和数据库连接
    public static void closeConnection(Statement st,Connection conn) {
        closeConnection(null,st,conn);
    }
}
```

（5）修改 ServerControllers.java，通过操作数据库处理商品入库、出库和查询的操作。关键代码如下：

```java
......
public class ServerControllers {
    //处理商品入库请求
    public Results addGoods(Goods goods) {
        Results result=new Results();
        try {
            Connection conn=DBConnect.getConnection();    //获取连接
            Statement st=conn.createStatement();           //创建SQL语句对象
            String sql="insert into inbound(name,num,price) values('"+goods.getName()+"',"+goods.getNum()+","+goods.getPrice()+")";
            st.execute(sql);                              //执行SQL语句
            DBConnect.closeConnection(st,conn);           //关闭连接
            result.setSuccess(true);                      //返回操作结果
            return result;
        } catch (SQLException e) {
            e.printStackTrace();
            result.setSuccess(false);
            return result;
        }
    }
    //处理商品出库请求
    public Results outGoods(Goods goods) {
        Connection conn=DBConnect.getConnection();        //获取连接
        Results result=new Results();                     //定义结果集
        try {
            //创建SQL语句对象
            Statement st=conn.createStatement();
            String sql="select name,num from inbound where name='"+goods.getName()+"'";
            //执行语句并返回结果集
            ResultSet rs=st.executeQuery(sql);
```

```java
            if(rs.next()) {                    //结果集不为空
                //如果出货数量大于或等于库存量,则完全出库并删除对应的数据行
                if(goods.getNum()>=rs.getInt("num")) {
                    String sql_2="delete from inbound where name='"+goods.getName()+"'";
                    st.execute(sql_2);  //执行SQL语句
                }else {  //如果出货数量小于库存量,则出库并修改库存量
                    int amount=rs.getInt("num")-goods.getNum();
                    String sql_3="update inbound set num="+amount+" where name='"+goods.getName()+"'";
                    st.execute(sql_3);
                }
                DBConnect.closeConnection(rs,st,conn);
                result.setSuccess(true);
                return result;
            }else {
                result.setFailReason("指定的商品不存在!");
                result.setSuccess(false);
                return result;
            }
        } catch (SQLException e) {
            e.printStackTrace();
            result.setSuccess(false);
            return result;
        }
    }
    //处理商品查询请求
    public Results searchGoods(String proname) {
        Connection conn=DBConnect.getConnection();    //获取连接
        Results result=new Results();                 //定义结果集
        Goods goods=new Goods(proname,0,0.0);         //初始化查询结果
        try {
            //创建SQL语句对象
            Statement st=conn.createStatement();
            String sql="select name,num,price from inbound where name='"+proname+"'";
            ResultSet rs=st.executeQuery(sql);        //执行语句并返回结果集
            //当找到指定商品时,设置查询结果的属性
            while(rs.next()) {
                goods.setNum(rs.getInt("num"));
                goods.setPrice(rs.getInt("price"));
            }
            DBConnect.closeConnection(rs,st,conn);
            result.setReturnData(goods);              //返回结果对象
            result.setSuccess(true);
            return result;
        } catch (SQLException e) {
            e.printStackTrace();
```

```
                result.setSuccess(false);
                return result;
            }
        }
    }
```

这里要提醒读者注意的是，结果集 rs 的初始位置位于第 1 条记录的前面，此时游标默认指向不存在的元素，必须调用 next()方法才可对 ResultSet 对象进行遍历。

（6）依次运行 Server.java 和 MainFrame.java，在客户端主界面中单击"商品入库"按钮，入库 2 种商品，如图 10-17 所示。此时打开数据库，在数据表中可以看到入库的商品信息，如图 10-18 所示。

图 10-17　商品入库

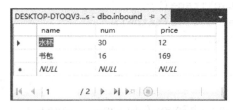

图 10-18　商品入库后的数据表

（7）在客户端返回主界面，单击"商品出库"按钮，出库 1 种商品，如图 10-19 所示，此时的数据表如图 10-20 所示。

 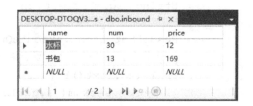

图 10-19　商品出库　　　　　　　　　图 10-20　商品出库后的数据表

（8）双击打开 report 文件夹中的 record.txt 文件，可以看到商品入库和商品出库明细，如图 10-21 所示。

（9）在客户端返回主界面，单击"查询商品"按钮，在文本框中输入要查询的商品名称，单击"查找"按钮，即可在文本域中显示指定商品的详细信息，如图 10-22 所示。

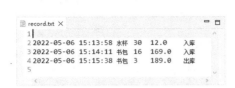

图 10-21  商品入库和商品出库明细　　　　　图 10-22  查询结果

至此，进销存管理系统已基本创建完成。因为篇幅有限，所以本书没有实现修改商品信息的功能，有兴趣的读者可以自行完成。